AF344097

BIBLIOTHÈQUE DES ACTUALITÉS INDUSTRIELLES. — N° 78

J.-W. ANDERSON

MANUEL DU

Prospecteur

GUIDE POUR LA
RECHERCHE DES GITES MINÉRAUX ET MÉTALLIFÈRES

ÉDITION FRANÇAISE

PAR

J. ROSSET

INGÉNIEUR CIVIL DES MINES

73 figures dans le texte

PARIS

Librairie Bernard TIGNOL

PUBLICATIONS DE LA

LIBRAIRIE de l'ÉCOLE CENTRALE des ARTS et MANUFACTURES

53 bis, quai des Grands-Augustins

Ce livre appartient à M...

....

demeurant à ....

rue ....

MANUEL

DU

PROSPECTEUR

BIBLIOTHÈQUE DES ACTUALITÉS INDUSTRIELLES N° 78

J.-W. ANDERSON
M. A. (Cantab.), F. R. G. S., F. I. Inst.

MANUEL

DU

PROSPECTEUR

GUIDE

pour la recherche des gites minéraux et métallifères

Traduit de l'anglais, d'après la huitième édition,

PAR

Joseph ROSSET

Ingénieur Civil des Mines

AVEC 73 FIGURES DANS LE TEXTE

PARIS

LIBRAIRIE BERNARD TIGNOL

PUBLICATIONS DE LA

Librairie de l'École Centrale des Arts et Manufactures

53 *bis*, QUAI DES GRANDS-AUGUSTINS, 53 *bis*

PRÉFACE·DU TRADUCTEUR

La traduction que nous offrons au public est faite d'après la huitième édition anglaise, tout récemment parue (1900), de « *The Prospector's Handbook* », de J.-W. Anderson. Le nom de l'auteur, et la rapidité avec laquelle se sont succédé les éditions de cet ouvrage en Angleterre, sont un sûr garant de sa valeur ; un simple coup d'œil sur la table des matières permettra de se rendre compte de l'utilité de ce livre. Ce n'est pas un traité de minéralogie, encore moins prétend-il être un exposé didactique de géologie ou de pétrographie. C'est un guide, indiquant à l'explorateur qui visite une région à la recherche de gisements minéraux ou métallifères les moyens les plus sûrs et les plus rapides d'arriver au but. Sans entrer dans des développements techniques hors de propos, il l'initie à tout ce qu'il lui est utile de savoir, en lui apprenant les principes généraux qui ont présidé à la distribution des minéraux à la surface du globe, et en lui fournissant les méthodes à employer pour reconnaître ces minéraux. C'est tout à la fois un résumé de minéralogie, de pétrographie et de géologie appliquée. Il traite aussi de chimie, en indiquant les méthodes d'essais qui permettent de reconnaitre la qualité des minerais ; il touche même à la métallurgie, en donnant une idée des traitements que doivent subir plus tard ces minerais. Le prospecteur pourra ainsi déterminer le meilleur procédé d'extraction qui convient à chaque sorte de minerai, et par suite il sera à même d'apprécier exactement la valeur commerciale des gisements qu'il rencontrera.

Nous ne doutons pas que ce livre ne soit accueilli avec faveur par les prospecteurs, par les minéralogistes et par les géologues, et aussi par les élèves des Écoles qui y trouveront la matière de leurs examens pratiques de minéralogie et de géologie appliquée.

Février 1901.

J. ROSSET.

PRÉFACE

DE LA PREMIÈRE ÉDITION ANGLAISE

Pour qui aime l'histoire naturelle, il n'est pas le moindre coin de pays qui ne puisse offrir matière à des remarques intéressantes. Les pierres et les rochers parlent, partout où il porte ses pas ; et s'il traverse des régions encore inconnues, il éprouve à l'aspect des œuvres admirables de la nature un plaisir dont ne peut avoir idée quiconque n'a pas été à même de le ressentir.

Les formations géologiques, qui semblent étranges à celui qui ne connaît peut-être qu'une région particulière, attirent continuellement son attention ; tout lit de rivière, tout flanc de montagne, tout précipice valent la peine d'être inspectés, sinon d'être examinés à fond.

Quels que soient les dangers et les fatigues que rencontre à chaque pas le prospecteur, son existence ne manque pourtant pas d'un charme particulier ; sa vie libre et aventureuse est attrayante ; dans ses explorations difficiles et hasardeuses, il est soutenu constamment par l'espoir de pouvoir un jour — soit bientôt soit plus tard — être assez heureux pour recueillir la récompense de son travail assidu, pour « faire un beau coup de pic », d'après ses propres expressions.

Après avoir traversé les gisements minéraux de la Nouvelle-Zélande, de la Nouvelle-Calédonie, du Nouveau-Mexique et du Colorado, je suis convaincu qu'un guide ou un manuel simple à l'usage des prospecteurs de mines et des explorateurs est un livre dont le besoin se fait sentir. Le mineur ou le prospecteur dédaignent en général les gros traités de minéralogie contenant la description de tous les minéraux connus ; la plupart de ces minéraux leur sont parfaitement indifférents, dans leur lutte pour l'existence ; ce qui leur importe avant tout, c'est de savoir comment s'y reconnaître au milieu de leurs échantillons. C'est pour cette raison que je me suis efforcé de traiter ce sujet le plus brièvement possible, tout en restant clair. J'espère que ce livre répondra aux besoins d'une partie au moins de ces voyageurs infatigables qui explorent toutes les régions connues et inconnues du monde.

Je ne puis terminer ces remarques préliminaires sans exprimer mes remerciements aux auteurs et aux éditeurs de bien des ouvrages de valeur que j'ai mis à contribution. Parmi ces livres, je mentionnerai spécialement le gros ouvrage de M. Robert Hunt, *Les Mines Anglaises ;* deux traités remarquables de M. D.-C. Davies, intitulés *Les minéraux métallifères et leur exploitation* et *Les minéraux terreux*, et le livre récemment paru du lieutenant-colonel Ross, *L'emploi du chalumeau en chimie, en minéralogie et en géologie.* J'ai obtenu aussi de reproduire certaines figures de ces traités et d'autres ouvrages, ce qui, j'en suis certain, augmente beaucoup la valeur et l'utilité de mon livre.

Octobre 1885.

PRÉFACE DE LA SEPTIÈME ÉDITION

Depuis l'apparition de la première édition, à l'automne de 1885, on a découvert et on a mis en exploitation plusieurs gisements métallifères importants ; ces mines nouvelles sont indiquées dans cette édition. Parmi ces gisements, les plus importants sont les champs aurifères du Sud-Africain et de l'Ouest-Australien ; les circonstances dans lesquelles s'est produite la découverte du métal précieux dans les conglomérats du Sud-Africain ont étonné bien des gens du métier. Elles fournissent au prospecteur une leçon précieuse, à savoir qu'il doit, en explorant un pays, avoir l'esprit préparé à des impressions nouvelles. S'il n'en est pas ainsi, dans une vaste région comme l'Ouest-Australien, par exemple, où les richesses minérales semblent avoir été partout distribuées avec profusion, il pourra lui arriver de passer, sans

s'en apercevoir, à côté de bien des gisements importants.

Nous avons jugé utile do parler des minerais d'aluminium. Ce métal est certainement destiné à un grand
avenir, et l'on ne doit négliger aucun moyen de découvrir un bon gisement de minerai d'aluminium.

En ce qui concerne les tableaux que nous avons dres-
sés, pour la détermination des minéraux d'après leur
couleur, leur éclat et leur cassure, il faut bien se mettre
dans l'idée que ces tableaux, à dessein, ne comprennent
qu'un nombre limité de minéraux ; de même, les pages
relatives à l'extraction des minerais et à la concentration
des minéraux traitent ce sujet d'une façon nécessairement très sommaire.

Depuis la publication de la sixième édition en 1895,
nous sommes revenu d'un rapide voyage dans le Sud et
l'Est de l'Afrique, et nous croyons utile de faire ici une
remarque qui ne s'applique pas seulement au Sud-Africain, mais encore à beaucoup d'autres régions : c'est que
dans les pays où le sol est plat ou faiblement ondulé,
tels que le grand plateau du Karoo, la plus grande partie
du terrain se trouve être très imparfaitement explorée,
simplement parce que la roche en place est cachée sous
des dépôts ou de la terre végétale. Dans le district
de Barberton, qui présente des collines et des montagnes, les formations géologiques sont visibles, mais tel
n'est pas le cas dans la plupart des régions du Sud-Africain. Il est incontestable qu'il peut exister beaucoup
plus de bancs de quartzites aurifères, en relation ou non

avec les bancs déjà connus ; il est, aussi, assez vraisemblable qu'on découvrira plus tard plusieurs mines de diamant soit dans l'État libre d'Orange soit dans une autre région. Il est vrai qu'on a pu remarquer une légère proéminence au-dessus de certaines *cheminées* diamantifères ; mais j'ai aussi entendu dire le contraire pour d'autres cheminées, ou du moins la proéminence n'y était pas visible.

Dans la Guyane Anglaise, également, les découvertes de gisements ont été retardées par suite de la nature du terrain, qui est plat ou boisé, et qui disparaît sous une couche de terre végétale. Évidemment, des affleurements de roches dures, telles que du quartz ou des quartzites, peuvent se rencontrer çà et là, mais il n'en est pas toujours ainsi. Par conséquent, on doit explorer avec une attention spéciale les bords et les lits des rivières et des ravins desséchés, car il n'est pas rare d'y apercevoir des débris de quartz ou d'autres roches, et parfois même le filon ou la couche.

Il est un autre point sur lequel je ne saurais trop appeler l'attention — bien qu'il soit traité au cours de cet ouvrage — : c'est que le prospecteur ne doit pas s'attendre à tomber sur de l'or à l'état libre ou des minéraux bien apparents ; il lui faut plutôt supposer que cet or ou ces minéraux peuvent exister, et essayer en conséquence avec soin des échantillons de roches. On aurait tort de croire qu'un gisement à 30 grammes à la tonne peut présenter de l'or libre, même aux affleurements ou au lavage, surtout si l'or y existe à l'état de division extrême.

Il y a plusieurs années, nous visitions une mine d'or très importante de la Nouvelle-Zélande ; nous ne vimes pas la moindre trace d'or au milieu des énormes tas de minerai prêts à passer au broyage. Dans cette mine, pourtant, l'or se trouvait à l'état libre, et n'était pas très mélangé de sulfures. Il en est de même pour une des grandes mines de Johannesburg — mine à 22 grammes à la tonne, dont la production dépasse 10,000 tonnes par mois — ; l'or y est invisible à l'état de division extrême, dans des cristaux de pyrite de fer.

A propos des pierres précieuses, nous avons mentionné un petit instrument qui, pour peu que l'on ait déjà acquis quelque expérience de son emploi sur des échantillons, peut être d'une grande utilité aux prospecteurs, qui, en général, savent fort peu de chose sur les pierres précieuses, tout en souhaitant beaucoup en rencontrer dans les alluvions.

Pour terminer, nous croyons utile de rappeler aux prospecteurs, qui ont à examiner des roches situées à la surface du sol, un point de la plus grande importance. La description écrite des roches et des minéraux s'applique plutôt à des échantillons de laboratoire, tandis que la plupart des roches que l'on rencontre sont, comme on le pense bien, restés exposés à l'air pendant des milliers d'années. D'ailleurs, même si la roche n'est pas altérée, son aspect ne se grave pas aussi bien dans l'esprit lorsque on en lit la description que lorsque on en touche ou qu'on en examine un échantillon. Aussi conseillons-nous à ceux qui veulent entreprendre une explo-

ration de se familiariser d'abord le plus possible avec les
roches les plus importantes — granite, diorite, schistes,
roches siluriennes, etc., — d'examiner le plus d'affleurements possible, d'étudier tous les oxydes, avec leurs
diverses couleurs, sans oublier la cassitérite ; les carbonates, les chlorures, etc., des divers métaux. Ils pourront
ensuite étudier les sulfures, les tellurures, etc., que l'on
rencontre dans les parties profondes des filons ou des
dépôts. Ils doivent surtout se dire qu'en examinant les
roches de la surface, l'étude seule de beaux et rares
échantillons de laboratoire, présentant des cristaux
parfaits, ne peut leur être que d'un assez médiocre secours.

Février 1897.

MANUEL

DU

PROSPECTEUR

CHAPITRE PREMIER

LA PROSPECTION

Recherche des minéraux utiles. — Dépôts d'alluvions. — Veines et dépôts autres que les dépôts d'alluvions. — Age des filons. — Moyen d'arriver à des filons en se guidant d'après les roches provenant de ces filons. — Portions détachées de ces filons. — Indices de la continuité d'un filon. — Aléas du métier de mineur. — Nécessité d'essais bien faits. — La valeur d'un filon dépend de plusieurs facteurs.

1. — En explorant un pays au point de vue des richesses minérales, il est très important d'examiner avec soin et d'une façon systématique les sables et les roches qui se trouvent dans le lit des rivières, dans les ravins desséchés, et dans le fond des vallées, ainsi que sur le rivage de la mer. L'action des rivières et des glaciers a

pour effet d'entraîner des débris de roches, et de les dé-
poser dans les régions inférieures, suivant la loi im-
muable de la gravité ; en outre, les vagues de la mer dis-
tribuent en couches régulières les débris des métaux
pesants. Le prospecteur doit observer la nature des roches
détachées qui se trouvent dans les torrents ou dans les
ravins, surtout aux endroits des tourbillons ou dans les
cavités creusées par l'eau et restées ensuite à sec, où les
matières lourdes se trouvent accumulées pendant les
périodes de pluies, comme il s'en rencontre fréquemment dans les montagnes ; les trous, les canaux et les
fissures que présente la surface des roches sur lesquelles
coule, ou a coulé, un cours d'eau, sont, en effet, souvent
très utiles à examiner. Les dépôts terreux étant toujours
le résultat, soit d'une action chimique, soit d'une action
mécanique, servent en général de guide pour la détermination de la nature des parties constituantes de l'écorce
terrestre dans leur voisinage immédiat.

2. — La recherche de tous les métaux pesants existant
sous forme de dépôt, est fondée sur une seule et même
règle ; la recherche de l'or peut donc être regardée comme
un cas particulier de cette méthode.

En examinant les sables entraînés par les cours d'eau,
il faut bien se persuader que si dans le lit d'une rivière
qui coule dans une vallée on trouve de la poudre d'or,
on y trouvera, en remontant près des montagnes d'où
vient le cours d'eau, de la poudre plus grosse ou des
grains d'or ; de même, si l'on trouve des grains assez loin
le long du cours d'eau, on peut espérer trouver des pépites plus près de la source. Les eaux, en effet, qui ont
entraîné les matériaux aurifères en les arrachant aux
filons qui se trouvent sur les montagnes, les ont entraî-

nés, en quelque sorte, suivant un plan incliné, abandonnant dans leur course les parties les plus lourdes et transportant plus loin les parties plus légères. Les dépôts les plus riches sont souvent ceux qui se trouvent dans les endroits où le courant a été brisé par un changement de pente ou de direction, dans les tournants raides, où le cours d'eau coule entre une rive abrupte et une rive en pente douce ; celle-ci peut être très riche en métaux lourds. Les rivières présentent quelquefois plusieurs coudes les uns à la suite des autres, avec des rives basses opposées à des falaises ; sur ces rives basses on a plus de chances de trouver de l'or qu'aux endroits où l'eau coule en ligne droite. L'extrémité d'une chaine de montagnes est aussi un endroit propice aux fouilles pour l'examen des alluvions.

Il arrive souvent que dans des ravins ou des gorges où l'on trouve des grains d'or dans les dépôts qui forment le lit du cours d'eau, on remarque plus haut sur les rives des accumulations de cailloux ou de gravier, disposées en couches plus ou moins parallèles au lit du cours d'eau. On doit examiner ces dépôts avec soin, à l'œil nu et à la loupe, et aussi en les soumettant au lavage à la rivière la plus voisine (Voir plus loin, chapitre V, *Or*). Les eaux ou les glaciers, en effet, peuvent avoir entraîné des matériaux aurifères et constituer en ces endroits de riches gisements d'or, au contact même de la roche en place sur laquelle reposent ces dépôts. Si l'on remarque plusieurs couches distinctes, d'époques différentes, la partie inférieure de chacun de ces dépôts est en général la plus riche. Quand les alluvions sont formées de gravier à grains détachés, mélangé de cailloux ou de blocs de pierre, l'or, ainsi que les substances lourdes, se rencontre au-dessous de la partie grossière de ces dépôts, il est près de la surface de la roche en place (*bed-rock*) ou sur cette roche même, ou bien mélangé à de l'argile; aussi les matières terreuses qui se trouvent au-dessus de la roche méritent-elles d'être examinées très attentivement.

3. — Si l'on suppose que l'argile renferme le précieux métal, il faut la laver avec beaucoup de soin. Si la présence d'un cours d'eau empêche de faire les fouilles nécessaires, il faut le détourner, en barrant la rivière en amont et en la faisant couler dans des tranchées; le lit du cours d'eau est ainsi mis à nu, et l'on peut enlever facilement les grosses pierres ou les cailloux, ou laver à son aise le gravier fin dans l'eau courante. Il est bon de se rappeler que si les alluvions contiennent de l'or, il y a toute chance pour que des filons aurifères — filons qui ne seront pas forcément rémunérateurs, mais qui, pourtant, peuvent être une source de richesse bien plus importante que ne le faisaient prévoir les galets des alluvions — traversent les montagnes voisines, et il y a donc lieu d'explorer avec soin le pays à la recherche de ces filons.

4. — Pour la recherche des filons ou des dépôts minéraux autres que les gisements d'alluvions, le prospecteur n'a pas à se préoccuper des étages géologiques relativement récents, ni des roches volcaniques modernes. En effet, si certains étages récents contiennent des gîtes minéraux, si l'on a exploité en Australie et en Californie de riches gisements aurifères recouverts par des roches volcaniques modernes, il faut pourtant se persuader que, à l'exception de certains dépôts de fer, de cuivre, de zinc, de plomb, etc., à l'exception des

exploitations superficielles, les mines métalliques se trouvent surtout dans-des roches d'un âge plus ancien que le terrain houiller, bien que certains gisements, tels que ceux de la Californie, de la Transylvanie, de la Hongrie, soient d'une époque plus récente. Il faut aussi noter que les pays où l'on trouve du granite, de la diorite, de l'andésite, ou des roches métamorphiques (schistes, quartzites, etc.) sont toujours bons à explorer.

5. — Sans entrer dans une longue discussion au sujet de la formation et de l'origine des filons, sujet si étudié et sur lequel on a élaboré tant de théories, disons seulement que certaines règles qui s'appliquent aux filons d'une région s'appliquent aussi, avec plus ou moins de justesse, aux filons des autres régions. Par exemple, les filons métallifères d'une région déterminée suivent tous généralement la même direction, c'est-à-dire que les plans de ces filons font tous le même angle avec la direction nord-sud, en d'autres termes ils sont parallèles, bien qu'une très grande distance puisse séparer deux filons voisins. Dans certaines régions minières, il y a une deuxième série de filons, qui coupent transversalement les premiers ; mais ces filons sont différents des autres au point de vue des minéraux qu'ils renferment, ou, s'ils offrent les mêmes minéraux, ils sont plus pauvres. Il est bon de ne pas perdre de vue qu'un vrai filon métallifère n'est pas isolé en général, et qu'il en existe plusieurs près de lui, plus pauvres ou plus riches ; toutes ces veines forment une chaîne de filons métallifères. Aussi l'explorateur ne doit il pas s'attacher trop exclusivement à un « champ » avant d'avoir convenablement exploré, s'il en a le temps et les moyens, tous les filon de la région l'un après l'autre.

6. — Dans la recherche des filons minéraux, le prospecteur doit étudier la physionomie générale du pays au point de vue géologique, les tranchées creusées pour le passage des routes, les éboulis, les escarpements de rochers, les flancs de montagnes qui limitent les vallées, les parties de terrain mises à nu par l'action des eaux ou par tout autre phénomène d'érosion, le lit des rivières, les cours d'eau et les ravins desséchés. S'il trouve dans un torrent ou dans une vallée des pierres qui lui paraissent de bon augure, il faut qu'il aille en remontant jusqu'à ce que ces pierres disparaissent, et alors qu'il explore les hauteurs qui bordent le cours d'eau pour y découvrir la roche qui a fourni les fragments qu'il a rencontrés. Très souvent, tandis qu'à la base des collines ou des montagnes se trouvent des dépôts ressemblant à de la terre végétale formés par l'accumulation des particules arrachées par les eaux aux terrains supérieurs, il existe en amont des amas de roches et de débris qui couvrent la roche en place, et empêchent de reconnaître la formation géologique du terrain.

7. — Pourtant, si l'on tient compte des ondulations du terrain et si on laisse de côté les endroits où il est manifeste que s'accumulent les alluvions, on peut tomber sur des *affleurements*, surtout le long des bords escarpés des torrents ou sur les crêtes des montagnes ; de plus, on est sûr, en gravissant les hauteurs, d'être moins gêné dans ses recherches par les alluvions à mesure qu'on approche des sommets. Il ne faut pas être trop prompt à jouer du pic dans les dépôts d'alluvions de grande épaisseur, ayant par exemple trois à six mètres de profondeur, mais il faut examiner avec soin les *pierres*

flottantes (1) qu'on rencontre sur le flanc des montagnes ;
on peut souvent ainsi suivre la trace d'un filon caché.
Si l'on ne remarque pas d'affleurements, reconnaissables
aux cailloux détachés qui jonchent les talus, et que l'action des eaux et de la pesanteur distribue avec un certain
ordre — les plus gros et les moins usés étant les plus
rapprochés du filon — on peut voir en quel point du
talus disparaissent les *pierres flottantes* ; on creusera
alors un puits de quelques mètres, ou même une petite
galerie transversale pour arriver au filon.

8. — Avant d'entreprendre ce travail, il faut examiner
le talus sur lequel reposent les pierres qui ont attiré
l'attention, car il peut se faire que la roche qui a fourni
ces pierres ne soit pas juste au-dessous, mais à droite
ou à gauche, suivant le plus ou moins de pente de la
montagne. En négligeant ce raisonnement, on se donne
souvent une peine inutile, car on se figure naturellement
que le filon se trouve juste au-dessous de la ligne marquée par la plus grande quantité de *pierres flottantes*,
tandis qu'il peut en réalité se trouver à plusieurs mètres
de cette ligne, probablement sur la crête la plus voisine,
mais certainement du même côté de cette crête que les
pierres.

9. — Il arrive quelquefois, comme pour les conglomérats du Transvaal, que la direction d'un gisement au
voisinage de l'affleurement diffère beaucoup de la
direction en profondeur ; s'il n'y a pas d'autres affleurements dans le voisinage, ce phénomène peut donner

(1) Ce sont les pierres détachées d'un filon que l'on rencontre
à la surface du sol, et qui indiquent la position du filon.

J. R.

lieu à bien des mécomptes dans l'exp'oration ou lors du fonçage des puits (fig. 1).

10. — Lorsqu'il se présente des *failles* (1), la direction des filons ou des gisements peut être irrégulière, par suite de la dislocation du terrain ; mais si le terrain est formé de plusieurs couches différentes, on peut souvent

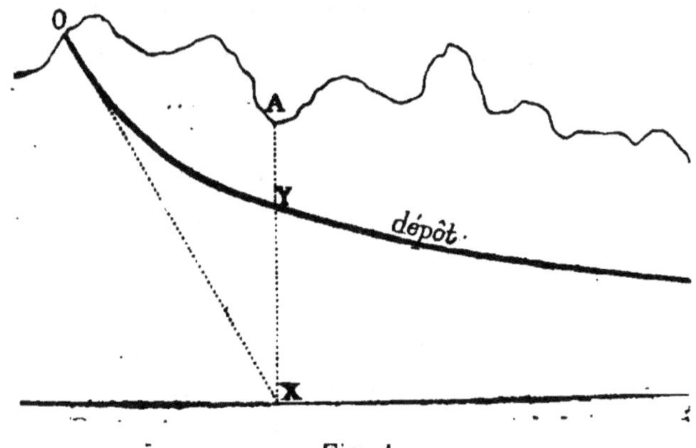

Fig. 1.

déterminer avec facilité la direction du gisement d'après les positions relatives des couches (fig. 2, 3, 4).

11. — L'examen des roches détachées qu'il rencontre à la surface du sol peut fournir à un explorateur habile une notion assez juste de la nature d'un filon, bien que l'exposition à l'air altère tout-à-fait des roches qui ont pu avoir l'aspect métallique avant d'avoir été arrachées à leurs positions premières. Aussi convient-il, en gravissant les hauteurs, de regarder dans toutes les directions,

(1) Lorsqu'une portion de terrain a glissé par rapport à une autre, le plan de glissement s'appelle une faille.

J. R.

pour voir si le terrain est de nature à contenir des filons,
et de faire aussi attention aux roches qui forment le rem-
plissage des filons ; ces roches sont principalement le
quartz, la fluorine et la calcite, surtout le quartz (Voir
chapitre VII).

12. — La fluorine (fluorure de calcium) accompagne

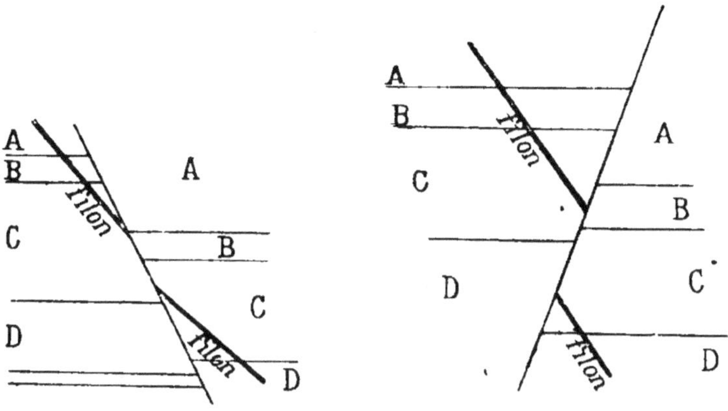

Fig. 2 et 3.

en général le plomb et le cuivre, la calcite accompagne
surtout le plomb et l'argent ; quant au quartz, c'est en
quelque sorte la roche fondamentale des remplissages
de filons et l'on doit chercher avec soin les roches
quartzeuses. Très souvent les morceaux de quartz provenant d'un filon, ainsi que la partie superficielle du
filon lui-même, présentent des cavités qui leur donnent
un aspect de nids d'abeilles. Sous l'influence de l'atmos-
phère et de l'humidité, la plupart des substances métallifères qui remplissaient d'abord ces cavités, et qu'on
peut espérer retrouver dans le filon à quelques mètres
de profondeur, se sont décomposées, en laissant seule-

ment des taches dans les trous du quartz. Ceci ne s'applique qu'aux substances métallifères qui sont sujettes à s'oxyder ; c'est ainsi que sur les roches aurifères caverneuses on aperçoit des points jaunes caractéristiques, dans les cavités que remplissaient autrefois des pyrites de fer ou de cuivre ou d'autres composés métalliques associés au métal précieux. L'or et l'argent à l'état natif

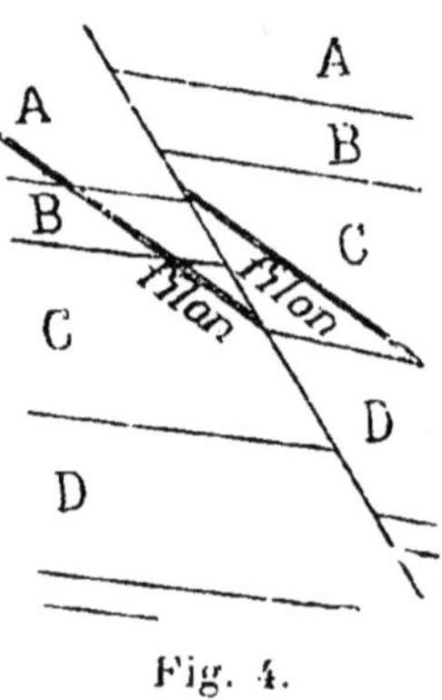

Fig. 4.

— surtout l'or qui ne se ternit pas comme l'argent — supportent les actions atmosphériques beaucoup mieux que la plupart des métaux, et l'on peut les reconnaître quand ils sont ainsi à l'état natif ; mais c'est l'expérience seule qui peut rendre familières à l'œil les diverses nuances de noir, de rouge, de vert, de brun, de gris, des oxydes et des carbonates provenant de la décomposition des sulfures métalliques. Un des meilleurs indices que présente la surface du sol est fourni par les roches caverneuses que l'oxyde de fer teinte en ocre. Dans les districts miniers d'Allemagne il y a un dicton :

> « *Es thut Kein gang so gut*
> *Er hat einen eisernen hut* »,

qui signifie qu'il n'y a pas de meilleurs filons que ceux qui ont un *chapeau de fer*, un *gossan* en Cornouailles. L'oxyde de fer est en réalité le produit de la décomposition de la pyrite de fer ; les filons qui présentent de l'oxyde de fer à fleur de terre contiennent de la pyrite en profondeur.

13. — Il faut suivre à la trace sur la montagne les fragments de quartz caverneux ou ceux d'une gangue quelconque — ces fragments sont d'autant plus arrondis et polis qu'ils sont plus éloignés de leur filon — on arrivera à un affleurement — formant souvent une crête distincte — d'où proviennent ces fragments ; ou près duquel on cesse de les rencontrer. On creusera alors une tranchée, autant que possible perpendiculaire à la direction du filon, de façon à pouvoir examiner la nature de ce filon, la portion utile et la gangue, reconnaître les *épontes*, c'est-à-dire la paroi supérieure ou *toit* et la paroi inférieure ou *mur*, et déterminer la direction du filon, c'est-à-dire l'intersection du plan du filon par un plan horizontal ; on fera aussi, pour plus de précision, un sondage descendant à quelques mètres au-dessous du fond de la tranchée, car l'inclinaison du filon près de la surface ne représente souvent pas la pente du filon lui-même, qui a pu être soumis à des dislocations qui l'ont fait dévier de son allure primitive. Après s'être assuré de la direction probable du filon, on détermine les endroits où l'on fera d'autres sondages, en amont ou en aval, ou sur le flanc opposé de la montagne, pour se rendre compte de la continuité du gisement. Si l'on pense être en présence d'une veine continue, donnant aux essais de bons résultats, on peut entreprendre l'exploitation de la mine.

14. — Il ne faut pas se bercer de l'espoir que plus le filon est profond, plus le minerai est riche. En effet, à part certains filons de plomb et de cuivre qui augmentent de richesse en profondeur, et un grand nombre de filons aurifères — par exemple ceux de la Grass Valley en Californie qui semblent être aussi riches à 300 mètres qu'à la surface — beaucoup de filons s'appauvrissent en profondeur. Il ne faut pas non plus s'attacher trop exclusivement à un filon avant d'avoir exploré le pays environnant. D'ailleurs, c'est un fait reconnu maintenant que la nature et la qualité des filons varient selon les couches qu'ils traversent.

15. — Même si l'exploration semble promettre beaucoup, celui qui veut entreprendre l'exploitation de la mine ne doit pas être plein d'espoir dans le succès, car les filons métallifères trompent souvent les espérances que l'on fonde sur eux; il leur arrive fréquemment d'être resserrés entre des roches dures, ou de se terminer en poche, ou de changer de nature et de valeur au moment où l'on s'y attend le moins. Pour aller à coup sûr il est bon que les prospecteurs s'assurent que les roches de la surface donnent aux essais des résultats rémunérateurs, car leur argent et leur temps sont trop précieux pour qu'ils entreprennent les travaux coûteux et quelquefois interminables nécessaires pour l'exploitation. Un capitaliste peut risquer une partie de sa fortune rapidement amassée dans des recherches qui peuvent un jour accroître son capital, tout en comprenant parfaitement combien son gain est problématique; mais le mineur ordinaire, lui, doit éviter les opérations dont le bénéfice n'est pas assuré, avec plus de soin qu'il ne le fait d'habitude.

16. — Il ne suffit pas qu'un filon contienne de l'or, de

l'argent ou quelque autre métal précieux, pour qu'on puisse de suite l'estimer à sa juste valeur. L'or, par exemple, existe souvent à l'état de poudre très divisée, invisible à l'œil, et recouverte d'une sorte de rouille — dùe à des sulfures ou à des arséniures, à de l'oxyde de fer ou de manganèse, et quelquefois à du sulfate de cuivre ou de fer ; — il en résulte que, malgré des essais qui ont paru favorables, l'extraction du métal précieux de son minerai par amalgamation ne se fait pas d'une façon satisfaisante, car le mercure devient inactif, farineux, en se recouvrant de sulfure, d'arséniure, etc. La valeur d'un filon, quelque riche qu'il puisse être en métaux précieux, dépend, dans une certaine mesure, de la nature des divers minéraux qui accompagnent ces métaux, surtout quand le minerai doit passer à la fusion. L'antimoine et l'arsenic, en quantités assez faibles, peuvent ôter toute valeur à des minerais qui en auraient sans leur présence, si l'on veut que la fusion soit lucrative. Avant de commencer les fouilles, il faut examiner les débris de roches provenant du filon, et, autant que possible, les soumettre à un bon *essayeur;* celui-ci, s'il croit reconnaître la présence des métaux précieux, déterminera, par une scorification ou par une fusion au creuset, suivies d'une coupellation, la quantité de métaux précieux à la tonne contenus dans une roche semblable à celles qui constituent le filon ; et sans se lancer dans une analyse quantitative minutieuse des autres composés métalliques existant dans la roche, pourra se rendre compte approximativement des proportions relatives de cuivre, de fer, de plomb, d'antimoine, de zinc, etc., d'après les scories produites pendant la scorification ou la coupellation, ou d'après la couleur et l'aspect de la coupelle en cendre d'os après la fin de l'opération. C'est toujours une méthode très sage de n'entreprendre une exploitation qu'après avoir obtenu un bon essai. Malheureusement, ce n'est pas chose facile dans des coins de pays reculés. Il faut une longue pratique pour faire un bon essayeur ; aussi ne conseillons-nous à personne d'entreprendre des essais d'or ou d'argent par scorification ou par coupellation, ou des essais volumétriques de cuivre, de fer, de zinc, etc., avant d'avoir pratiqué ces méthodes sous la direction d'un essayeur de profession ; ces essais, en effet, selon toute probabilité, tout en pouvant donner des résultats assez approchés, l'induiraient presque certainement en erreur. Il n'y a pas de raison, pourtant, qui empêche le prospecteur d'essayer de déterminer *qualitativement* les minéraux par des méthodes simples, ou même dans certains cas de les doser *quantitativement*. Recourir à l'assistance d'un chimiste, d'un minéralogiste ou d'un essayeur à propos de la moindre recherche, c'est non seulement incommode, mais dans beaucoup de districts miniers c'est un embarras, car on rencontre plusieurs soi-disant autorisés dans la matière dont les avis sont tous différents. De ce qu'un mineur déclare un certain minéral différent de ce qu'il a vu en Cornouailles, ou en Californie, ou à Ballarat, et dépourvu de tout métal précieux, il ne s'ensuit pas que le prospecteur doive trop vite ajouter foi à cette opinion ; car, en règle générale, les connaissances d'un mineur ordinaire, habile peut-être dans certains travaux, tels que le percement des tunnels, etc., ne sont ni très étendues ni très profondes. Le prospecteur ne doit pas non plus se mettre à la merci des déclarations faites à la légère par un expert de profession qui n'a examiné l'échantillon que très superficiellement, bien qu'il ait pu se servir d'une loupe. L'expérience a montré non seulement que le mineur ordinaire a des notions fausses sur les minéraux comme le cuivre gris, la galène à éclat d'argent, à grains fins ou gros, etc., mais encore que le minéralogiste le plus expérimenté ne peut pas, du premier coup d'œil, déterminer avec certitude les proportions d'or ou d'argent contenues dans une roche. L'or et l'argent existent dans beaucoup de gisements qui peuvent sembler à bien des gens de formations tout à fait différentes, et il arrive très souvent d'avoir en mains un échantillon de roche qui paraît sans valeur et qui à l'essai se révèle comme très riche en or ou en argent, comme il arrive de tenir un échantillon que l'on croit très riche et qui à l'essai ne donne pas la moindre quantité d'or ou d'argent. On ne peut non plus, à moins d'être bien expert, se rendre compte, d'après l'aspect de quelques fragments de minerai, de la quantité de métaux de valeur que peut produire le gisement. La plupart des silicates, des carbonates et des chlorures n'ont aucunement l'aspect métallique, et leur présence avec des métaux utiles trompe souvent sur la valeur réelle du minerai. Pendant longtemps les dépôts de chlorure d'argent du Colorado ont été foulés aux pieds sans qu'on se soit douté de leur valeur ; il en a été de même pour le carbonate de plomb argentifère, inconnu d'abord, de Leadville, que la découverte de ce gisement a transformée en cinq ans en une ville de 30,000 habitants. Qui pourrait dire la proportion de nickel qui entre dans la composition d'un fragment de silicate de nickel hydraté de la Nouvelle-Calédonie, ou la proportion d'argent que contient le minerai de Leadville, ou la quantité d'or que peut produire un bloc de pyrite de cuivre ou de fer, s'il n'a pas étudié spécialement chacune de ces roches ?

Il convient donc de ne pas trop se fier à l'opinion des autres, et de se défier de sa propre opinion ; il ne faut pas non plus hésiter à dépenser quelques pièces d'or ou d'argent pour prendre l'avis d'un bon essayeur.

17. — Mais revenons à notre sujet. Supposons que le prospecteur ait fait faire un bon essai sur un échantillon de roche du filon, ou qu'il l'ait essayé lui-même assez grossièrement ; il lui reste à examiner plusieurs points de réelle importance avant de commencer à « bâtir des châteaux en Espagne », ou même à continuer le développement des travaux. Il faut qu'il voie si le terrain est facile à creuser — le sondage peut revenir à 25 francs le mètre courant dans un terrain tendre, et à 250 francs ou même plus dans un terrain dur ; — si le minerai, dans le cas où il doit subir la fusion, est réfractaire, ou s'il peut être concentré après son extraction, avant d'être envoyé à la fusion, ou aux ateliers de broyage et d'amalgamation. Il faut qu'il évalue exactement le prix de revient de la fusion ou du traitement que doit subir le minerai, en tenant compte de certaines considérations telles que les prix de la main-d'œuvre, du minerai et des fondants, de leur transport, du transport du minerai aux ateliers, etc. Il doit faire entrer en ligne de compte le plus ou moins grand éloignement du charbon et de l'eau, ainsi que les quantités de ces matières premières dont il pourra disposer. Il existe dans l'Arizona et dans le Nouveau-Mexique un certain nombre de gisements, soit filons, soit dépôts d'alluvions, qu'il est impossible d'exploiter à l'heure actuelle, ou dont l'exploitation a été

retardée, à cause de l'absence de rivières et de sources.
Il faut se rappeler aussi qu'un filon métallifère donnant
100 francs à la tonne peut avoir une valeur plus grande
qu'un autre filon qui donnera 1,000 francs à la tonne, et
qui sera à quelques kilomètres du premier ; qu'un minerai d'argent à faible teneur, dans une région, peut valoir
plus qu'une veine d'argent pur, ayant l'épaisseur d'une
lame de couteau, dans une autre région.

18. — En résumé, la nature et la qualité du minerai,
ainsi que les chances de continuité d'un filon, l'emplacement de la mine, la quantité de charbon ou de bois que
l'on peut se procurer dans le voisinage, la proximité de
l'eau et son abondance plus ou moins grande, toutes les
dépenses relatives au transport, à la fusion, etc., doivent
faire l'objet d'une étude approfondie avant de commencer l'exploitation d'une seule mine, si l'on veut entreprendre une affaire lucrative. On a dit que sur le globe il
y a dix mines improductives pour une mine qui rapporte
des bénéfices ; il n'y a donc pas lieu d'entrer dans les
considérations qui précèdent avant d'être persuadé qu'il
y a de l'argent à gagner dans la mine. Il ne faut pas non
plus croire qu'il soit possible de se rendre compte de la
valeur réelle d'un gisement d'après quelques échantillons.

CHAPITRE II

LES ROCHES

Classification des roches. — Ordre de stratification des roches. — Laminage. — Stratification. — Dénudation. — Clivage. — Joints. — Modes de gisement des dépôts métallifères. — Nature des veines minérales dans un filon. — Épaisseur. — Inclinaison. — Déclinaison. — Clinomètre. — Boussole.

1. — On peut classer les roches de la façon suivante :

Roches ignées. — Roches qui ont été soumises à l'action de la chaleur.

Roches volcaniques (se sont refroidies à la surface ou au voisinage de la surface).

Trachyte (surface raboteuse, couleur grisâtre, léger).

Basalte (noirâtre ou brun, plus pesant que le trachyte et présentant moins de cavités).

Phonolite, andésite (dont la porphyrite est une forme

d'altération). Dolérite (cristaux plus saillants que dans le basalte) : « Elvans » du Cornouailles (renfermant du porphyre), etc. Ces trois dernières roches se trouvent à l'état de dykes ou de feuillets intrusifs ; les deux dernières sont les formes d'épanchement des formations granitiques.

Obsidienne (généralement transparente, ressemblant à du verre à bouteilles) : pierre ponce, etc. ; rhyolite, etc.

Roches plutoniques (se sont refroidies à une certaine profondeur). Granite, porphyre, syenite, diorite, gabbro, etc. Ces roches ont en général une structure nettement cristalline, souvent avec de grands cristaux.

Roches métamorphiques. — Roches d'origine ignée ou sédimentaire, mais qui ont éprouvé des altérations par suite de compression, etc.

Gneiss, a la composition du granite, mais est feuilleté.

Micaschistes (quartz et mica), schistes à hornblende, talcoschistes, chloritoschistes, schistes à diorite, sont des roches feuilletées.

Les quartzites et certaines serpentines sont des roches métamorphiques.

Roches sédimentaires. — Roches déposées par les eaux.

Graviers (formés de cailloux arrondis), conglomérats et brèches.

Grès (grains soudés ensemble (en général grains de quartz).

Grès à grains fins.

Sable (les grains ne sont pas soudés ensemble).

Argile (silicate d'alumine, plastique). Ardoises (argile durcie, avec clivages perpendiculaires au plan de stratification).

Schistes argileux (argile durcie en lames minces).

Marne (argile contenant du carbonate de chaux).

Argile sablonneuse.

Cristal de roche (silice presque pure).

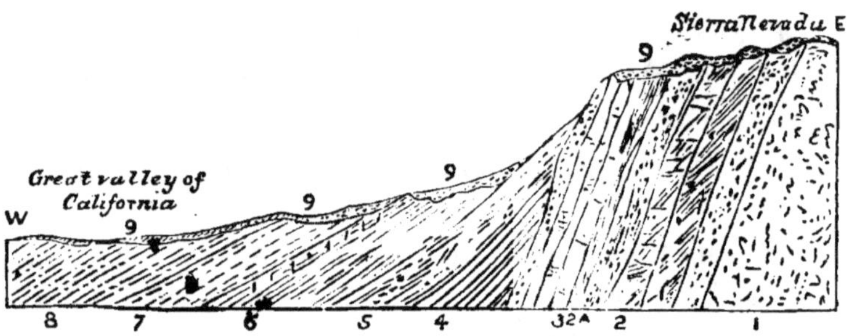

Fig. 5.

Pierre à chaux, calcaire, marbre, etc. (carbonate de chaux).

Dolomie (carbonate de chaux et de magnésie).

A cette liste il convient d'ajouter les cendres volcaniques, les dépôts de sources chaudes, etc.

2. — Les roches métamorphiques sont des roches d'âges divers qui ont subi des transformations. Le granite, d'après sa nature même, ne peut, semble-t-il, avoir été soumis à une température très élevée — bien que nous l'ayons classé parmi les roches ignées ; — et, bien qu'on soit forcé de reconnaitre que le granite constitue la base même des formations géologiques, il semble que les roches granitiques intrusives qui se trouvent dans l'écorce terrestre appartiennent à différents âges. On

peut considérer comme certain que le granite qui
se rencontre dans certaines formations géologiques est
plus récent que la roche qu'il pénètre, et plus ancien que
les couches supérieures (1).

3. — Les roches sédimentaires ne présentent pas seu-

Fig. 6.

lement des strates, elles sont encore formées de lames
minces, de feuillets (fig. 6) ; quelquefois ces feuillets sont
distribués inégalement (fig. 7).

Fig. 7.

4. — Les couches sont loin d'être toujours horizontales; elles plongent parfois presque à pic, d'autres fois
elles sont plissées ou recourbées sous l'influence des
pressions qu'elles ont subies. Les couches qui sont re-

(1) Voir le Tableau des formations géologiques à la fin du chapitre.

courbées en forme de dos d'âne ou de cuvette sur de
grandes longueurs constituent ce qu'on appelle des *anticlinaux* et des *synclinaux* (fig. 8 et 9).

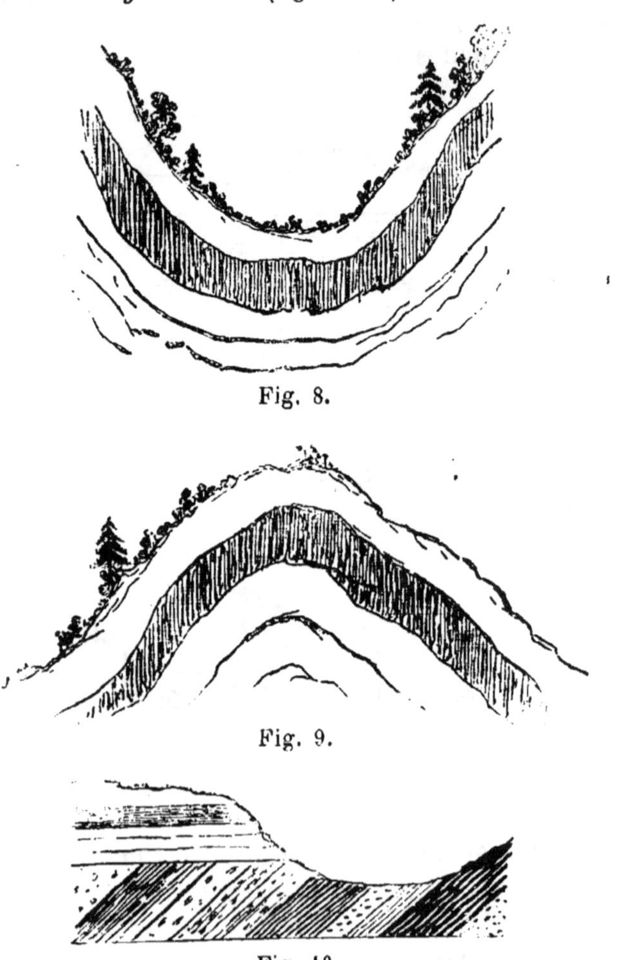

Fig. 8.

Fig. 9.

Fig. 10.

Quand deux séries de couches sont parallèles, elles
sont dites en *stratification concordante ;* dans le cas con-

traire, on dit qu'elles sont en *stratification discordante*, comme sur la figure 10.

Dans cette figure un système de couches, qui plongent à 45°, a été dévié de sa direction horizontale primitive ; il

Fig. 11.   Fig. 12.

a été ensuite recouvert par des formations stratifiées horizontales.

5. — L'érosion des roches peut être produite par divers

Fig. 13.

agents de dénudation, comme le vent, la pluie, les cours d'eau, la mer, la glace, etc. L'eau agit parfois chimiquement en attaquant la roche ; mais en général les rivières et la pluie ravinent et creusent les terrains, la mer les nivelle, l'eau en se congelant et en augmentant de vo-

lume les fendille, les glaciers les polissent. Les grès
paraissent mieux résister aux agents atmosphériques que
la plupart des autres pierres, à moins qu'ils ne con-

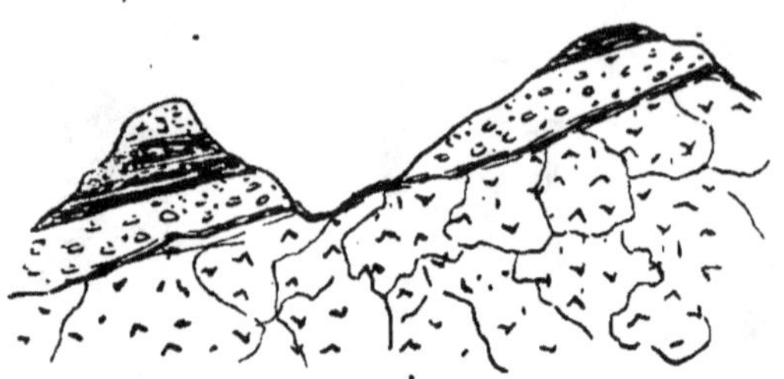

Fig. 14.

tiennent du fer ou du carbonate de chaux ; les calcaires
sont facilement attaqués par l'eau.

6. — Certaines roches peuvent se fendre facilement

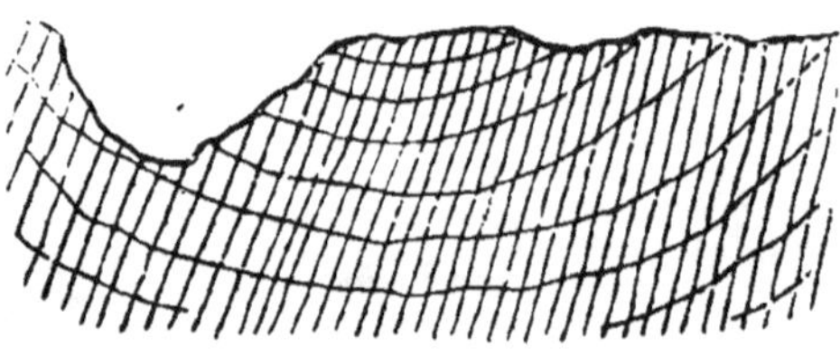

Fig. 15.

suivant leur plan de stratification ; d'autres roches, à
grains fins, comme les ardoises, se fendent très facilement dans une direction perpendiculaire à leur plan de
stratification. Quand les couches sont recourbées, les
lignes de clivage sont pourtant parallèles, comme le
montre la fig. 15. Le clivage est dû probablement à des
pressions latérales.

7. — Beaucoup de roches, par suite de la compression
pour les roches sédimentaires, ou par suite du refroidissement pour les roches ignées, sont divisées en blocs
parfois très réguliers, suivant des plans qu'on nomme
des *joints*. En profondeur, ces joints sont à peine mar-
qués, mais à la surface il en est autrement. Le plus
souvent leur direction est perpendiculaire au plan de
stratification.

Dans les grès, les joints sont irréguliers, et forment
des blocs de dimensions différentes ; dans les calcaires,
les joints sont moins nombreux que dans les schistes et
dans certaines variétés d'ardoises, et les blocs sont généralement cuboïdaux, les joints verticaux étant très réguliers.

8. — Les minéraux utiles et les dépôts métallifères se trouvent dans le sol sous les formes suivantes :

En *filons :* veines ordinaires remplissant des fissures,
traversant diverses sortes de couches ; filons lenticulaires,
ayant une certaine épaisseur à la surface, mais s'amincissant en profondeur.

En *couches*, interstratifiées avec d'autres couches sté-
riles. Exemple : la houille, les minerais de fer (surtout
les minerais oolithiques), les minerais de cuivre dans les
schistes, les minerais d'argent et de plomb dans les
grès, etc. Dépôts en stratification irrégulière. Dépôts de
contact, entre deux formations différentes, reposant sur
la formation inférieure, etc.

En *dépôts irréguliers* — poches, etc. — dans diverses
formations. Dépôts de contacts, sans veines, où le minéral est distribué régulièrement dans la roche, ou remplit des fissures ou des dykes de la roche, ou se trouve

çà et là dans le terrain encaissant, près des parois d'un filon (1).

En *dépôts de surface*, comme presque tous les gise-

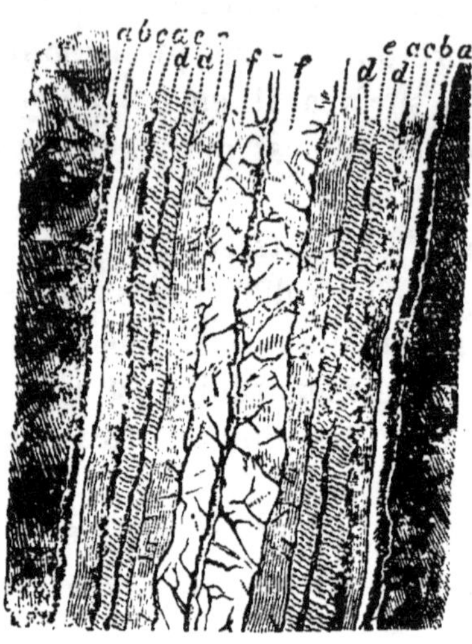

Fig. 16.

ments d'alluvions diamantifères et aurifères, les gise-ments fluviaux stannifères, etc.

9. — Quant à la nature des veines qui remplissent les filons, les minéraux métallifères sont, soit disséminés dans la veine, soit rassemblés en petits amas ou en filets ; ils se trouvent parfois près du toit ou près du mur, et souvent ils forment des couches régulières et symétriques au milieu des autres couches de matières constituant la gangue (fig. 16).

(1) Les filons complexes peuvent présenter plusieurs veines distinctes ; les parois qui bordent ces veines ne doivent pas être prises pour les parois mêmes du filon. Toute la formation comprise entre les deux parois du filon peut être métallifère.

10. L'angle que fait avec l'horizon le plan d'une couche ou d'un filon s'appelle *l'inclinaison ;* la ligne suivant laquelle ce plan coupe le plan horizontal s'appelle la *déclinaison* de la couche ou du filon. Comme il est d'une importance capitale pour le géologue de bien saisir la signification de ces deux termes, en voici l'explication : Si l'on plie une feuille de papier, et qu'on la tienne de façon que l'un des feuillets soit horizontal et que l'autre soit pendant, l'angle que forment les deux feuillets est l'inclinaison, et leur intersection est la déclinaison. Supposons que le feuillet inférieur plonge vers l'est et fasse un angle de 45° avec le feuillet horizontal, on dira qu'il plonge à 45° E, et la déclinaison — qui est perpendiculaire au plan de l'angle d'inclinaison — sera nord-sud. La ligne suivant laquelle une couche ou un filon rencontre la surface du sol s'appelle *l'affleurement ;* quand le terrain est horizontal, la déclinaison du filon se confond avec sa direction sur le terrain.

11. — La mesure de l'inclinaison d'une couche ou d'un filon, ou de la pente d'une montagne, peut se faire approximativement à l'œil ; mais si l'on veut être précis, on se sert plutôt d'un instrument nommé *clinomètre.* Il y a différentes formes de cet instrument très simple, quelques uns avec une boussole et un niveau combinés ; tous ces appareils reposent sur le même principe. On peut en construire un très simplement de la façon suivante : sur un rectangle de bois ou de carton, on décrit une demi-circonférence (fig. 17) ; du centre C de la circonférence, on trace C D perpendiculaire à A B ; on divise les arcs D A et D B en 90 degrés, en marquant zéro en D ; on suspend en C, au moyen d'un clou, un fil à

plomb formé d'un bout de fil portant un petit poids à l'extrémité inférieure.

Si l'on tient l'appareil de façon que le bord A B soit

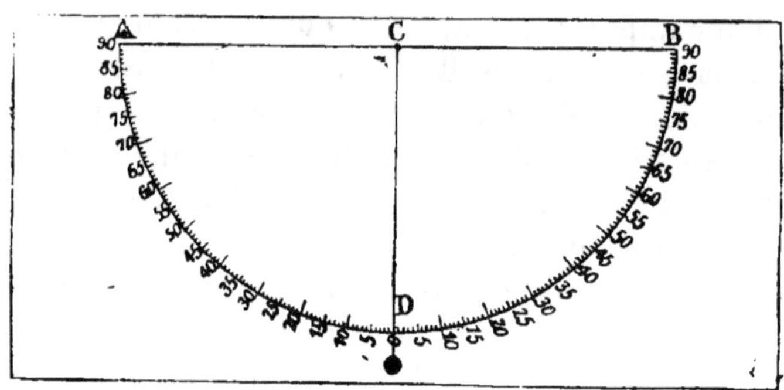

Fig. 17.

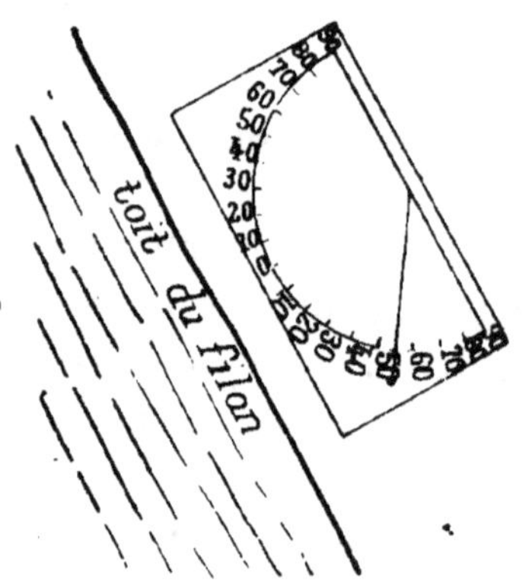

Fig. 18.

horizontal, le fil à plomb passe au zéro de la graduation ; si l'on place l'appareil de façon que ce bord A B soit parallèle à la ligne de plus grande pente d'une couche ou d'un filon, ou d'une montagne, le fil à plomb se déplacera de la position C D d'un certain nombre de degrés, qu'on lira au point où le fil coupera la demi-circonférence ; ce nombre donnera l'inclinaison du gisement, ou la pente de la montagne. On peut combiner un clinomètre et une boussole sur le même appareil, en fixant un petit pendule au centre de la boussole, juste au-dessous de l'aiguille magnétique.

12. — Pour se servir de la boussole, on la tient horizontalement sous ses yeux, et on lit le nombre de degrés que fait la ligne de foi tracée sur le cadran avec la direction du nord magnétique donnée par l'aiguille. La boussole ordinaire est divisée en degrés ; chacun des arcs compris entre le nord et l'est, l'est et le sud, le sud et l'ouest, l'ouest et le nord, comprend 90°.

Supposons qu'en regardant suivant la déclinaison d'un filon, on observe que sa direction est à 30° en allant du nord vers l'est ; on dit que cette direction est à 30° E. Les prospecteurs, dans leurs calculs, ne comptent en général que d'après le nord magnétique ; mais il est bon de se rappeler que le nord magnétique diffère du nord vrai. Si l'on veut déterminer le nord vrai, on observe la direction de l'ombre d'une ligne verticale, à midi.

ORDRE DE STRATIFICATION DES ROCHES

	TERRAINS	COULEURS	FOSSILES, ETC.	
TERTIAIRE	Moderne et Pleistocène.	Couleurs diverses.	Toutes les coquilles marines sont des espèces vivantes; ossement d'animaux (ours, etc.).	Les roches tertiaires fournissent de l'argile à briqu ainsi que d'au tres argiles, d gypse, du sa ble, des dépô de phosphat de chaux, etc On trouve de gisements d houille de cett période dan l'Inde, dan l'archipel In dien, aux Ph lippines, au Ja pon, en Nou velle-Zéland dans l'ile d Vancouver, e en certainse droits en Eu rope.
	Pliocène.	Blanc, vert, rouge, jaune, etc.	En Angleterre, la moitié des coquilles appartiennent à des espèces vivantes; ossements d'animaux très abondants.	
	Miocène.	Blanc, vert, rouge, jaune, etc.	Contient environ 80% d'espèces éteintes; ossements d'animaux; plantes, etc.	
	Eocène.	Blanc, vert, rouge, jaune, etc.	Argile, sable, etc. Présente des dépôts d'eau douce et des dépôts marins; coquilles d'espèces éteintes, ossements d'animaux.	
SECONDAIRE	Crétacé (1).	Blanc en général.	Craie supérieure et craie inférieur sans silex; craie marneuse; sable verts supérieurs. Coquilles mar nes, éponges, oursins, etc.	

(1) La classification des terrains diffère un peu de celle de l'école fr
çaise. C'est ainsi que nous considérons le gault ou albien comme l'étage
férieur du crétacé et les sables verts glauconieux comme un facies de l
tien, recouvrant le gault.

J. R.

TERRAINS	COULEURS	FOSSILES, ETC.
Gault.	Bleu-sombre ou verdâtre.	
Sables verts inférieurs. et Wealden.	Verdâtre.	Sable, argile, marne (avec quelques espèces marines).
	Verdâtre, etc.	Argile et sable (servant à la fabrication du verre). Pas d'espèces marines, mais grand développement de la flore tropicale.
JURASSIQUE Oolithe. Lias, etc.	Jaune, vert. blanc, marron, gris, bleu, etc.	Dépôts argileux et calcaires. Argile, sable, calcaire, schistes. Remarquable par l'abondance des ammonites et des nautiles. L'oolithe et le lias fournissent des pierres à bâtir et à paver. Schistes alumineux du lias; minerais de fer de l'oolithe et du lias.
Trias.	Rouge, vert, blanc.	Argiles rouges, marnes, schistes, grès. Restes de poissons et de reptiles, et empreintes de pas d'animaux. Couches de sel gemme dans le Cheshire.
Permien.	Rouge, jaune, blanc, marron.	En Angleterre, grès rougeâtres et calcaire magnésien. Peu de fossiles dans le grès; dans le calcaire magnésien, restes de poissons avec queues semblables à des queues d'esturgeons. Empreintes de pas d'animaux.

Les terrains Gault à Trias appartiennent au groupe SECONDAIRE; le Permien au groupe PRIMAIRE.

<table>
<tr><th></th><th>TERRAINS</th><th>COULEURS</th><th colspan="2">FOSSILES, ETC.</th></tr>
<tr>
<td rowspan="3">PRIMAIRE.</td>
<td>Carboni-
fère (1).</td>
<td>Gris foncé
en général,
avec des
nuances
bleues ou
noires.</td>
<td colspan="2">Houiller. — Couches de houille dans des calcaires, des grès, des schis-tes ; minerai de fer. Coquilles d'eau douce et coquilles marines. Plan-tes fossiles en grande quantité : fougères, arbres, mousses, cala-mites (queue de cheval), etc.

Grès meulier. — Grès fins et grès grossiers, conglomérats, schistes. Quelques fossiles.

Calcaires montagneux, — Restes de coraux, encrines, coquilles (nau-tile). Les trilobites sont rares dans le carbonifère.</td>
</tr>
<tr>
<td>Dévonien,
vieux grès
rouge.</td>
<td>Rouges
en général,
avec des
nuances
grises
et jaunes.</td>
<td>Calcaires, grès, ar-doises. Trilobites, mais en moindre abondance que dans le silurien, coquil-les, plantes, ani-maux.
Schistes calcaires, conglomérats, rou-ges en général, par-fois pourprés ou verts. Restes de poissons d'eau douce.</td>
<td>Ces terrains fournissent des pierres à bâtir et à paver, des ar-doises pour toitures.</td>
</tr>
<tr>
<td>Silurien.</td>
<td>Gris,
rouge,
pourpre,
vert,
verdâtre.</td>
<td colspan="2">Couches d'argile, ardoises et schis-tes, grès, grès grossiers, calcaires, conglomérats, etc.
Restes de trilobites, de coraux, d'é-toiles de mer, de graptolithes (re-</td>
</tr>
</table>

(1) Les étages inférieurs au terrain houiller sont remarquablement riches en filons métallifères ; il et est de même des roches métamorphiques et du granite. On exploite dans le carbonifère des mines de fer, de plomb, de zinc, etc.

TERRAINS	COULEURS	FOSSILES, ETC.
PRIMAIRE — Silurien.	Gris, rouge, pourpre, vert, verdâtre.	présentés actuellement par la « plume de mer »). Les trilobites et les graptolithes sont des fossiles très caractéristiques (fig. 11 et 12). Le silurien est l'étage le plus ancien où l'on rencontre des poissons fossiles. Les roches volcaniques y sont très fréquentes et les terrains stratifiés y sont souvent redressés ou plissés.
Cambrien.	Couleurs diverses.	Ardoises terreuses, grès, dalles, conglomérats. Fossiles de trilobites, etc. Ces terrains fournissent des ardoises pour toitures, des pierres à aiguiser, des tablettes de consoles, et différents minerais métalliques.
Laurentien.	Couleurs diverses.	Gneiss cristallisés avec lits de calcaire et veines de granite. Au Canada le laurentien occupe plus de 50 millions d'hectares. Il fournit des matériaux de construction, etc.

CHAPITRE III

ESSAIS DES MINÉRAUX AU CHALUMEAU

Instruments nécessaires. — Usage du chalumeau. — Flamme réductrice et flamme oxydante. — Construction rapide d'un chalumeau. — Essais dans un tube ouvert et dans un tube fermé à un bout. — Essais au carbonate de soude sur un charbon — Essais au borax et au sel de phosphore sur un fil de platine. Tableau des réactions avec le borax et le sel de phosphore. — Essais à l'azotate de cobalt. — Tableau général pour l'analyse qualitative des substances métalliques. — Vérifications. — Recherche de certains corps généralement associés aux métaux.

1. — Les objets nécessaires sont les suivants :

Chalumeau.

Bougie ou lampe à huile ou à graisse fondue.

Pinces à bouts de platine.

Charbon de bois.

Pinces en acier.

Fil et feuille de platine.

Aimant, aiguille aimantée ou lame de couteau aimantée.

Couteau.

Mortier (les mortiers d'agate sont les meilleurs) et pilon.

Borax, sel de phosphore, carbonate de soude, en petites boîtes.

Un petit flacon d'acide chlorhydrique, et une dissolution d'azotate de cobalt.

Quelques petits tubes de verre ouverts aux deux bouts, et quelques tubes fermés à un bout.

Plusieurs autres objets peuvent être très utiles, par exemple une petite plaque d'aluminium, de l'acide azotique, de l'acide sulfurique, du zinc pour les vérifications, de l'hyposulfite de soude; mais ils ne sont pas absolument nécessaires.

Pour essayer un minéral au chalumeau, il suffit d'en prendre un petit fragment de la grosseur d'un grain de moutarde, mais en ayant soin de bien choisir cet échantillon.

En se servant du chalumeau, il faut surtout apprendre à souffler et à respirer en même temps, sans ôter l'instrument de sa bouche. On y arrive en se remplissant la bouche d'air et en soufflant doucement, tout en respirant par le nez.

On obtient une bonne flamme avec une lampe à large mèche alimentée par de l'huile d'olive ou de la graisse fondue, ou avec une bougie ordinaire munie d'une grosse mèche.

2. — La flamme du chalumeau se compose de deux parties, l'une bleue formée de gaz inflammables, l'autre jaune. La flamme réductrice s'obtient en plaçant l'extrémité du chalumeau juste au-dessus de la mèche de la

lampe ou de la bougie (fig. 19). L'échantillon doit être placé dans la portion lumineuse de la flamme pendant quelque temps. Il n'est pas toujours facile à un débutant d'obtenir de bons résultats avec cette flamme ; il est plus

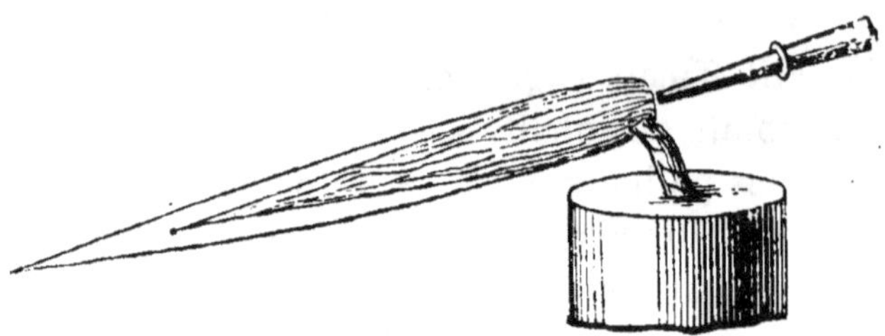

Fig. 19.

facile de se servir de la flamme oxydante. A l'extrémité, ou près de l'extrémité de la flamme jaune, où tous les gaz sont brûlés, les corps se combinent avec l'oxygène, et cette portion de la flamme s'appelle la flamme oxy-

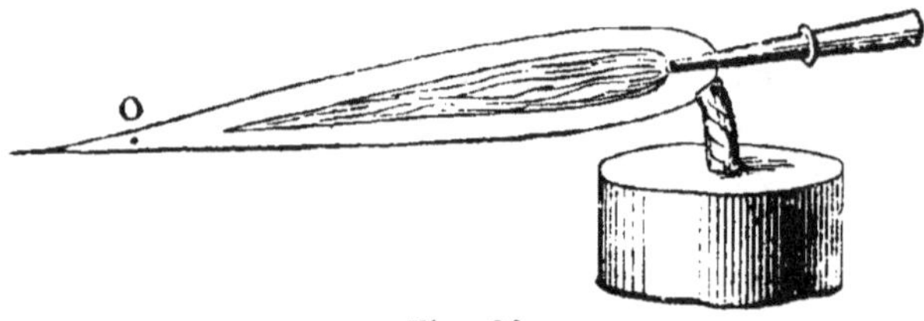

Fig. 20.

dante. Pour obtenir une bonne flamme oxydante, on entre un peu l'extrémité du chalumeau dans la flamme, et l'on souffle avec plus de force que pour la flamme réductrice (fig. 20).

3. — On peut construire un chalumeau provisoire de la façon suivante : On prend un long tube de verre de 8 millimètres environ de diamètre, et on le chauffe sur

la flamme d'une lampe à esprit de vin, en le tenant horizontalement. Lorsque le milieu du tube commence à se ramollir, on tire horizontalement sur les deux bouts du tube, jusqu'à ce que le milieu en s'amincissant atteigne le diamètre ordinaire d'un tuyau de chalumeau. On fait

Fig. 21.

à la lime une entaille sur le milieu du tube, et on le brise en cet endroit. On prend une des moitiés du tube, on le réchauffe près de la pointe, et on le coude de façon que cette pointe fasse un certain angle avec le reste du tuyau.

4. — Les essais dans des tubes fermés à un bout

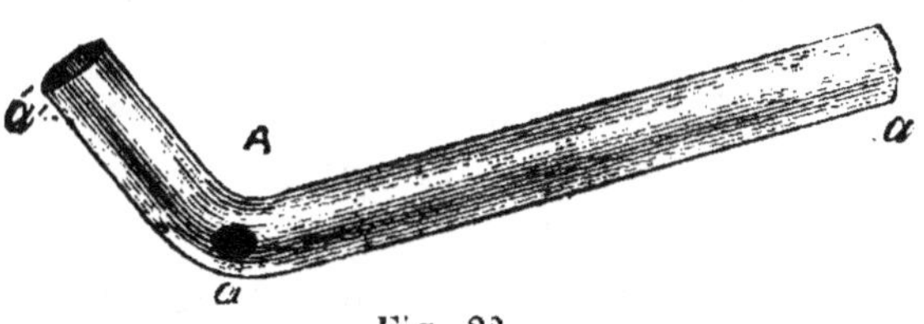

Fig. 22.

(fig. 21) se font le plus souvent sur une lampe à esprit de vin. Quand on chauffe la substance dans un tube ouvert (fig. 22), on incline le tube de façon à y faire passer un courant d'air. Si l'on veut courber le tube suivant un angle donné (fig. 22), on le chauffe sur une lampe à esprit de vin.

5. — Le charbon de bois sur lequel on chauffe les substances à essayer doit provenir d'un bois très léger,

comm· le sureau, le pin, etc., qui en brûlant donne le moins possible de fumée et de cendres. Pour essayer un minérai sur le charbon, on creuse à la surface du charbon, au moyen d'un couteau, une petite cavité dans laquelle on place un fragment du minérai ; on y dirige la flamme du chalumeau, en inclinant le support, de façon à distinguer nettement les taches qui se forment sur la partie froide qui entoure l'échantillon.

6. — Une plaque d'aluminium d'environ 10 centimètres de long sur 5 centimètres de large, épaisse d'un millimètre environ, avec un rebord d'un centimètre à une de ses extrémités, sur laquelle on peut placer l'échantillon, constitue un support très utile ; mais comme cette plaque s'échauffe beaucoup pendant les essais, on la tient au moyen d'une pince dont le manche est enveloppé pour ne pas brûler l'opérateur. Si l'on emploie ce support, on peut placer l'échantillon sur une mince lamelle de charbon de bois. Les taches, sur la plaque d'aluminium, sont plus épaisses que sur le charbon, et l'on peut facilement les essayer au chalumeau. Quand l'essai est terminé, on nettoie la plaque en la frottant avec de la cendre d'os en poudre, au moyen d'un morceau de peau.

7. — Pour essayer une substance, on se sert d'abord du charbon, en observant l'effet de la flamme oxydante, puis de la flamme réductrice, sur l'échantillon. On la traitera ensuite, si c'est nécessaire, par le carbonate de soude, puis par le borax et le sel de phosphore.

8. — On essaie au carbonate de soude certains minéraux que l'on ne peut réduire à l'état métallique sur le charbon seul. La substance doit être réduite en poudre très fine et mélangée avec du carbonate de soude légère-

ment mouillé ; on la place ensuite dans la cavité du charbon, et on chauffe do cement pour chasser l'humidité ; on élève ensuite beaucoup la température. Il ne faut pas seulement examiner la couleur des taches qui se forment, la substance fondue doit être enlevée avec du charbon, et broyée avec un peu d'eau dans un mortier d'agate ou de porcelaine. On y ajoute ensuite une plus grande quantité d'eau, et l'on mélange le tout ; on décante avec soin l'eau avec les substances plus légères, en se servant par exemple d'un petit tube de verre ou d'un crayon que l'on appuie contre le bord du mortier, de façon qu'en inclinant celui-ci l'eau coule peu à peu. Il n'y a plus ensuite qu'à examiner le résidu qui se trouve au fond du mortier ; on apercevra les fragments métalliques, s'il y en a, à l'œil nu ou à la loupe, à l'état de paillettes brillantes ou à l'état de poudre fine.

9. — Lorsque l'échantillon ne donne pas de taches, les métaux or, argent, cuivre, s'il y en a, donnent des grains brillants ; le fer, le nickel, le cobalt laissent une poudre grise magnétique.

10. — S'il se produit des taches, on consulte le tableau général C (voir à la fin du chapitre) ; mais chacun des métaux argent, étain, plomb, antimoine, peut être reconnu dans le résidu d'après son aspect caractéristique. D'une façon générale, il ne faut pas recourir au traitement par le carbonate de soude, il vaut mieux faire les vérifications au borax et au sel de phosphore (microsmic salt).

11. — Les fondants ordinaires, borax et sel de phosphore, dissolvent facilement les oxydes à haute température.

Pour s'assurer que la substance est à l'état d'oxyde, on la soumet à une douce chaleur et on la grille, pour chasser le soufre ou l'arsenic combinés aux métaux dans le minéral.

Pour employer ces fondants, on recourbe l'extrémité d'un petit fil de platine en l'enroulant autour d'un crayon, de façon à former une boucle semblable à celle de la figure 23, mais plus petite. On mouille cette boucle, et on l'enfonce dans le borax ou dans le sel de phosphore (1); on chauffe ensuite à la flamme du chalumeau jusqu'à fusion. On forme ainsi une perle que l'on approche, encore chaude, ou après l'avoir mouillée, d'une très

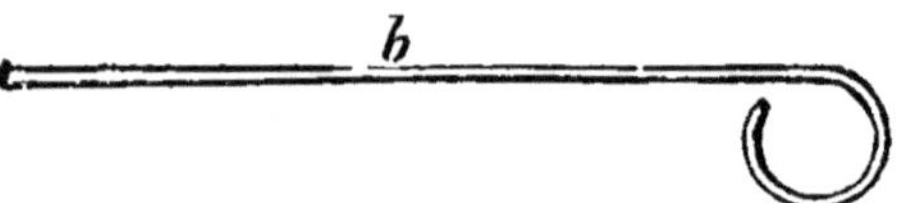

Fig. 23.

petite quantité du minéral pulvérisé. On soumet ensuite la perle à la flamme oxydante, puis à la flamme réductrice, en observant attentivement les changements de couleur de la perle à chaud ou à froid, et l'effet de ces deux flammes sur elle.

12. — Si, après avoir chauffé la substance, on l'humecte avec de l'azotate de cobalt, et qu'on la chauffe encore ensuite fortement, on peut après refroidissement obtenir quelques indications sur la composition du minéral (voir le tableau C).

Ce réactif s'emploie souvent pour reconnaître :

La *magnésie*, qui donne une coloration rouge pâle;

(1) Le sel de phosphore se boursoufle et tend à tomber du fil de platine; aussi, n'en faut-il prendre que de très petites quantités à la fois.

L'alumine, qui donne une coloration bleue sans éclat.

13. — Vérifications après traitement sur le charbon avec ou sans carbonate de soude :

(*a*) Le résidu du traitement contient des grains ou des paillettes métalliques .

Argent. — Si l'on dissout le résidu dans l'acide azotique, l'addition d'acide chlorhydrique ou d'une solution de sel de cuisine donne un précipité blanc de chlorure d'argent.

Or. — Si l'on dissout le résidu dans quatre parties d'acide chlorhydrique et une partie d'acide azotique, l'addition de protochlorure d'étain donne un précipité de pourpre de Cassius.

Cuivre. — Si l'on traite le résidu avec du borax sur un fil de platine, on obtient les réactions indiquées dans le tableau *A* (voir à la fin du chapitre).

(*b*) Le résidu est gris ou noirâtre :

On chauffe ce résidu avec du borax sur un fil de platine et on observe la couleur de la perle ; on compare les résultats avec les indications du tableau *A*, pour le cobalt, le cuivre, le nickel.

(c) Le minéral donne une tache sur le charbon :

Antimoine. — Si l'on enlève la tache et qu'on la traite par l'acide chlorhydrique et le zinc sur une feuille de platine, on obtient un dépôt noirâtre d'antimoine.

Étain. — Si l'on dissout la tache dans de l'acide chlorhydrique, on obtient un précipité gris en introduisant du zinc métallique dans la dissolution.

Plomb — Si l'on dissout la tache dans de l'acide azotique, qu'on évapore l'excès d'acide et qu'on ajoute un peu d'acide sulfurique, on obtient une poudre blanche.

Zinc. — La tache, chauffée avec de l'azotate de cobalt, devient verte.

14. — Recherches de certaines substances généralement associées aux métaux :

Alumine. — Se reconnaît à son adhérence à la langue quand on la lèche. Essayée au chalumeau avec de l'azotate de cobalt, l'alumine devient bleue.

Chaux. — Devient d'une blancheur éclatante quand on la chauffe à la flamme du chalumeau. Infusible même avec le carbonate de soude, ce qui la distingue de la silice et des substances siliceuses.

Carbonate de chaux — Fait effervescence sous l'action de l'acide chlorhydrique ou de l'acide citrique.

Magnésie. — Chauffée avec de l'azotate de cobalt, donne une coloration rouge-chair.

Soude. — Fortement chauffée, communique à la flamme extérieure une coloration jaune rougeâtre.

Potasse. — Communique à la flamme extérieure une coloration violette.

Soufre. — Se reconnaît à son odeur caractéristique quand on grille la substance. Si l'on place une portion de la substance préalablement chauffée sur une pièce d'argent, une tache noire indique la présence du soufre.

Arsenic. — Se reconnaît à l'odeur d'ail caractéristique qu'il dégage quand on le chauffe.

Tous les *carbonates* font effervescence dans les acides (1). On distingue ainsi facilement un calcaire, qui est formé de carbonate de chaux, d'un grès, etc.

Certains *silicates*, traités par un acide et chauffés, se prennent en gelée.

(1) L'acide citrique, que l'on peut transporter sous forme de cristaux, et dissoudre dans un peu d'eau froide, est un réactif très utile. Presque tous les carbonates se dissolvent avec effervescence dans une solution froide d'acide citrique ; le fer spathique ne se dissout qu'à l'ébullition.

TABLEAU (A).

OXYDES	COLORATION DE LA PERLE AVEC LE BORAX			
	A LA FLAMME OXYDANTE		A LA FLAMME RÉDUCTRICE.	
	A chaud.	A froid.	A chaud.	A froid.
Antimoine.	Jaunâtre.	Incolore.	Gris.	Gris.
Argent.	Incolore.	Incolore	Gris.	Gris.
Bismuth.	Jaune.	Incolore.		
Chrome.		Vert.	Bleu.	Vert.
Cobalt.	Bleu.	Bleu.	Incolore.	Bleu.
Cuivre.	Vert.	Vert bleuâtre.	Incolore.	Brun.
Etain.	Incolore.	Incolore.	Vert.	Incolore.
Fer.	Jaune, rouge.	Incolore, jaune.		Vert-bouteille.
Manganèse.	Violet.	Améthyste.		
Molybdène.	Jaune.	Incolore.		Brun opaque.
Nickel.	Violet.	Brun rougeâtre.	Gris.	Gris.
Plomb.	Jaune.	Incolore.	Gris.	Gris.
Uranium.				Vert.
Zinc.	Jaunâtre.	Incolore.	Gris.	Gris.

TABLEAU (B).

OXYDES	A LA FLAMME OXYDANTE		A LA FLAMME RÉDUCTRICE	
	A chaud.	A froid.	A chaud.	A froid.
Antimoine.	Incolore.	Incolore.	Gris.	Gris.
Argent.	Jaune.	Jaune.	Gris.	Gris.
Cobalt.	Bleu.	Bleu.	Bleu.	Bleu.
Cuivre.	Vert.	Bleu.	Vert foncé.	Rouge brun.
Etain.	Incolore.	Incolore.	Incolore.	Incolore.
Fer.	Jaune, rouge.	Incolore, jaune brun.	Jaune, rouge.	Incolore, rouge.
Nickel.	Rouge, rouge brun.	Jaune, jaune rougeâtre.	Rougeâtre.	Jaune.
Plomb.	Incolore.	Incolore.	Gris.	Gris.
Zinc.	Incolore.	Incolore.	Gris.	Gris.

COLORATION DE LA PERLE AVEC LE SEL DE PHOSPHORE

TABLEAU GÉNÉRAL (C)
POUR L'ANALYSE DES SUBSTANCES MÉTALLIQUES

1. On chauffe la substance dans un tube fermé à un bout :

Sublimé blanc : { *Chlorure de mercure.* / *Blanc d'antimoine,* etc.

— gris noir : *Mercure,* etc.

— noir, rouge en frottant : } *Cinabre* (Sulfure de mercure).

— noir à chaud, rouge à froid : } *Sulfure d'antimoine.*

Des minéraux arsenicaux donnent aussi un sublimé.

2. On chauffe la substance dans un tube ouvert :

Sublimé, gouttelettes métalliques : *Mercure.*
— fumées blanches : *Antimoine.*

3. On chauffe la substance sur un charbon :

Coloration de la flamme extérieure, verte : *Cuivre,* etc.

— — bleue : { *Plomb.* / *Chlorure de cuivre,* etc.

a) Réduction à l'état métallique sans production de taches.

Bouton blanc, brillant, malléable : *Argent.*
— jaune, — — *Or.*
Métal rouge : *Cuivre.*

Poudre grise : { *Fer.* / *Cobalt.* / *Nickel.* / *Platine.*

b) Réduction à l'état métallique avec production de taches :

Tache jaune citron à chaud, — jaune soufre à froid :	Plomb.	Métal malléable.
— jaunâtre à chaud, — blanche à froid :	Étain.	
— orangée à chaud, — jaune citron à froid :	Bismuth.	Métal cassant.
— blanche (production de fumée quand on éloigne la flamme) :	Antimoine.	

c) Production de taches sans réduction à l'état métallique.

Tache jaune à chaud, — blanche à froid :	Zinc.

4. On chauffe la substance sur un charbon, avec du carbonate de soude :

Comme au numéro 3.

5. On chauffe la substance sur un fil de platine, avec du borax :

Voir le tableau (A).

6. On chauffe la substance sur un fil de platine, avec du sel de phosphore :

Voir le tableau (B).

7. On chauffe la substance sur un fil de platine humecté d'acide chlorhydrique.

Coloration de la flamme : bleue :
- Cuivre. (Coloration passant au vert.)
- Plomb.
- Antimoine.
- Arsenic.
- Sélénium.

   —   —   verte :
- Cuivre.
- Molybdène.
- Baryum.
- Phosphore.

8. On chauffe la substance sur un charbon avec de l'azotate de cobalt en dissolution :

Masse verte :
- Oxyde de zinc.
- — d'antimoine.
- — d'étain, etc.

CHAPITRE IV

Caractères extérieurs. — Tableaux pour la détermination des minéraux d'après la couleur, l'éclat, les traits de lime. — Poids spécifique. — Dureté. — Formes cristallines.

1. — Pour reconnaître une roche, le minéralogiste a recours à l'examen attentif de son aspect extérieur et de ses caractères : forme cristalline, dureté, poids spécifique, couleur, traits de lime (couleur du minéral quand on le raie, ou quand on le frotte sur un morceau de porcelaine), et à l'action des composés chimiques et de la chaleur sur cette roche.

2. — Dans l'examen d'un échantillon minéral, le prospecteur est guidé avant tout par la couleur ; cet examen acquiert encore plus de précision s'il observe l'éclat et la cassure du minéral. Il faut pourtant se rappeler que la cassitérite par exemple, qui est en général de couleur

brunâtre ou noirâtre, est parfois grise ; sa cassure, également, n'est pas toujours brune, elle peut être grise, etc. Le cinabre est ordinairement rouge, mais il peut aussi être brun ou brun-noir.

Les tableaux suivants peuvent servir à l'examen de quelques-uns des minéraux les plus utiles au point de vue commercial.

MÉTAUX A TRAITS DE LIME D'ASPECT MÉTALLIQUE

	COULEUR	TRAITS DE LIME
Or.	Jaune	Jaune.
Argent.	Blanc (se ternissant).	Blanc.
Cuivre.	Rouge.	Rouge.
Platine.	Gris.	Gris.
Bismuth.	Blanc d'argent tirant sur le rouge et se ternissant.	Blanc d'argent.

Parmi cette classe de métaux, on peut ranger encore le mercure, le palladium, l'osmium, l'iridium, le plomb, l'antimoine, le tellure, etc.

Le graphite a un éclat métallique gris d'acier sombre, et des traits de lime d'un noir métallique.

	COULEUR	TRAITS DE LIME
Jaune.		
Pyrite de cuivre.	Jaune de bronze (parfois terni).	Noir verdâtre.
Pyrite de fer.	Jaune.	Brun noirâtre.
Pyrite magnétique.	Entre le rouge de cuivre et le jaune.	Gris noirâtre.
Blanc,		
Pyrite arsenicale.	Blanc d'argent	Gris noirâtre
Chloranthite (2).	Blanc d'argent ou gris d'acier.	Gris noirâtre.
Rouge.		
Nickeline.	Rouge de cuivre (devient grisâtre ou noir en se ternissant.)	Rouge pâle.
Nickeline (variété).	Rouge de cuivre pâle.	Brun rouge pâle
Brun.		
Hématite brune.	Brun.	Brun et jaune.
Fer chrômé.	Brun noirâtre.	Brun foncé.
Gris ou noir.		
Fer spéculaire.	Gris d'acier sombre.	Rouge cerise foncé.
Magnétite.	Gris de fer sombre.	Noir.
Galène (2).	Gris de plomb.	Gris de plomb.
Stibine.	Gris de plomb.	Gris de plomb et noirâtre.
Cuivre gris (2).	Gris et noir.	Gris d'acier ; noir, parfois brunâtre.
Stannine.	Gris d'acier.	Noirâtre.
Chalcosine (2).	Gris noir.	Gris de plomb noirâtre.
Smaltine.	Blanc d'étain, gris.	Gris noirâtre.
Franklinite.	Noir foncé.	Brun foncé.
Cobalt terreux	Noir ou noir bleu.	Noirâtre.
Stéphanité (2)	Noir ou gris de fer.	Noir ou gris de fer.
Argyrose (2).	Noir ou gris.	Noirâtre ou gris de fer.
Pyrolusite.	Noir de fer.	Noir.
Molybdénite.	Gris, ressemblant au graphite.	Gris.

(1) A cette classe de minéraux, il convient d'ajouter plusieurs composés de plomb et d'antimoine, des tellurures, etc. — Certains minéraux de fer micacés, à traits de lime rouges, ont aussi l'aspect métallique.

(2) Les traits de lime ont un éclat métallique.

MINÉRAUX A ÉCLAT NON MÉTALLIQUE

	COULEUR	TRAITS DE LIME
Brun jaunâtre (1).		
Limonite.	Brun.	Jaunâtre.
Blanc (2).		
Silicate de zinc.	Blanchâtre (parf d'aut. coul.)	Blanchâtre.
Carbonate de plomb.	Blanc ou bleuâtre.	Incolore.
Cérargyrite.	Blanc verdâtre, gris perle, etc.	Gris et brillant.
Calomel.	Blanc sale ou grisâtre.	Jaunâtre.
Rouge (3).		
Cinabre.	Rouge.	Rouge.
Argent rouge.	Rouge cochenille.	Rouge cramoisi.
Zinc rouge.	Rouge brillant.	Jaune orange.
Erythrine.	Rouge pêche.	Couleur lavande.
Cuivre oxydulé.	Rouge parfois gris fer à la surf.	Brun rougeâtre.
Brun.		
Calamine (carbonate de zinc).	Brunâtre.	Blanchâtre.
Cassitérite.	Brun.	Brunâtre.
Blende.	Brun, brun rougeâtre ou noirâtre.	Du blanc au brun rougeâtre.
Fer spathique.	Brun rougeâtre.	Incolore.
Certaines variétés de limonite.	Brunâtre.	Jaunâtre.
Certaines variétés de fer spéculaire.	Brunâtre.	Rouge.
Noir.		
Cuivre noir.	Noir.	Noir.
Pyrolusite (faible éclat métall.)	Noir.	Noir.
Argent rouge.	Noir rougeâtre.	Rouge cramoisi.
Cassitérite.	Noir.	Brunâtre.
Blende.	Noirâtre.	Couleurs diverses.
Vert (4).		
Malachite.	Vert émeraude.	Vert tendre.
Pyromorphite.	Verdâtre.	Blanc ou jaune.
Bleu.		
Malachite.	Bleu.	Bleuâtre.
Azurite.		

(1) Le molybdène ocreux, les oxydes de plomb, d'antimoine, de bismuth, le carbonate de bismuth, etc., sont parfois d'une nuance jaunâtre.

(2) Sulfate de plomb, carbonate de chaux, kaolin, etc.

(3) Les minéraux qui contiennent du silicate ou du carbonate de manganèse, sont parfois d'une couleur rouge d'œillet.

(4) Nickel-émeraude (carbonate de nickel), silicate de nickel, silicate de cuivre. Certains composés de chrome et d'uranium, certains phosphates et certains chlorures, l'arséniate de cuivre, le chlorure de cuivre, les silicates de magnésie, etc. A la surface des minerais de nickel, on voit des taches vertes. Beaucoup d'autres minéraux, comme le

3. — Le poids spécifique d'une roche s'obtient souvent approximativement en la soupesant à la main, et en la comparant avec un morceau de mêmes dimensions d'une autre roche connue ; mais si l'on veut déterminer avec exactitude le poids spécifique d'un minéral, on en pèse un fragment d'abord dans l'air, puis dans l'eau — en le suspendant au plateau d'une balance et en le plongeant dans l'eau. — Le poids dans l'air, divisé par la différence entre le poids dans l'air et le poids dans l'eau, donne le poids spécifique :

$$P.\ S. = \frac{\text{Poids dans l'air.}}{\text{Poids dans l'air — Poids dans l'eau.}}$$

mais cette méthode est plutôt du domaine du savant que de celui du prospecteur ordinaire.

4. — La couleur et l'aspect des traits que l'on trace à la surface d'un minéral, en le rayant ou en le frottant, constitue ce que nous avons appelé les traits de lime ; on se sert surtout pour creuser ces traits d'un couteau bien trempé ou d'une lime. Si le minéral est tendre, on peut se contenter de le frotter sur un morceau de porcelaine rugueuse. Il faut éviter de choisir les portions qui ont le plus souffert des actions atmosphériques.

5. — Pour apprécier la dureté d'un minéral, il faut l'essayer, en cherchant à le ranger entre deux minéraux de l'échelle de dureté — dont l'un doit le rayer et l'autre être rayé par lui — en commençant par les plus durs.

Echelle de dureté

1. *Talc*, pierre à laver, se raye facilement à l'ongle.

silicate de magnésie, le phosphate et le chlorure de plomb, le sulfate de cuivre, certains phosphates, etc., présentent des nuances plus ou moins verdâtres.

2. *Gypse*, sel gemme, zinc, etc., se rayent difficilement à l'ongle, ne rayent pas une monnaie de cuivre.

3. *Calcite* (transparente), raye une monnaie de cuivre et peut se rayer par elle.

4. *Fluorine*, ne se raye pas par une monnaie de cuivre et ne raye pas le verre.

5. *Apatite*, raye difficilement le verre et se raye facilement au couteau.

6. *Feldspath*, raye le verre et se raye difficilement au couteau.

7. *Quartz*, ne se raye pas au couteau et raye facilement le verre.

8. *Topaze*, plus dure que le silex.

9. *Corindon*, émeraude orientale, saphir, etc.

10. *Diamant*, raye toutes les autres substances.

La dureté d'un minéral qui se raye à l'ongle est de 2, 5 ou moins, celle d'un minéral qui se raye par une monnaie de cuivre est inférieure à 4.

6. — Les minéraux se reconnaissent souvent à leurs formes cristallines.

Les formes cristallines fondamentales sont les suivantes :

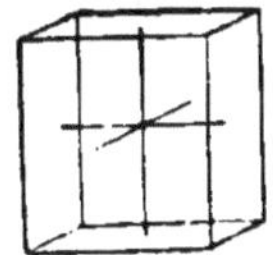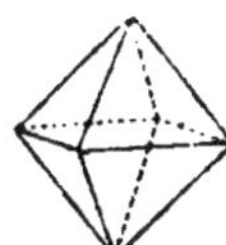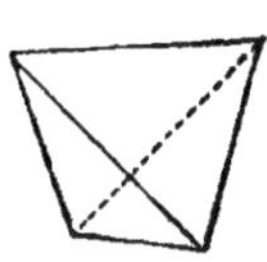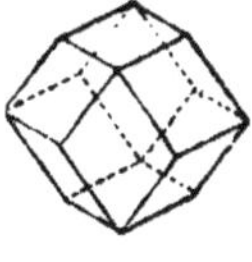

Fig. 24, 25, 26 et 27.

(a) *Système cubique* (terquaternaire, régulier, octaédrique, etc., Trois axes de symétrie égaux passant par un même point et perpendiculaires entre eux.

(*b*) *Système du prisme droit à base carrée* (quadratique, quaternaire, tétragonal, etc.). Trois axes perpendiculaires entre eux, dont deux sont égaux.

Exemples : Fig. 28, 29.

(*c* *Système du prisme droit à base rectangle*. (Terbi-

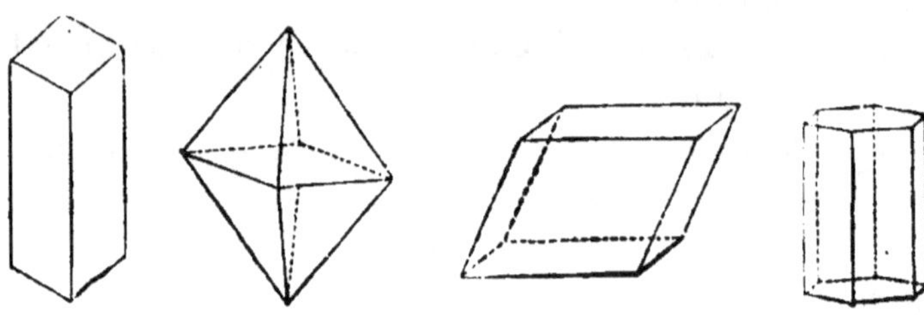

Fig. 28, 29, 30 et 31.

naire, orthorhombique, etc.). Trois axes perpendiculaires entre eux, mais inégaux.

(*d*) *Système du prisme oblique* (binaire, clinorhombique, monoclinique, etc.), qui comprend le prisme droit à base parallélogramme et le prisme oblique à base rectangle. Deux axes rectangulaires, le troisième incliné sur le plan des deux autres ; ces axes pouvant être inégaux.

Exemple : Fig. 30.

(*e*) *Système du parallélépipède oblique* (triclinique, anorthique, etc.). Trois axes inégaux non perpendiculaires entre eux.

(*f*) *Système rhomboédrique* (ternaire) ou *hexagonal* (sénaire) (1). Quatre axes concourants, dont trois situés dans un même plan et faisant entre eux des angles de 120° ; le quatrième perpendiculaire au plan des trois autres. Les

(1) On considère souvent le système rhomboédrique comme formant un système particulier différent du système hexagonal.

J. R.

prismes se terminent souvent par des pyramides à six pans.

7. — La forme cristalline ne suffit pas toujours pour la détermination d'un minéral, car plusieurs minéraux différents présentent des formes semblables ou presque semblables; et, par contre, quelques minéraux se rencontrent sous plusieurs formes cristallines.

Ainsi le carbonate de chaux, le carbonate de chaux et de magnésie, le carbonate de zinc, le carbonate de fer affectent la même forme rhomboédrique, avec des angles variant seulement de 105° à 108°. Le soufre, la pyrite de fer, le fer spéculaire, le carbone sont des exemples de minéraux se présentant sous plusieurs formes distinctes (1).

8. Il faut ajouter aux caractères que nous venons de mentionner pour la détermination des minéraux certaines propriétés qui appartiennent à quelques minéraux.

Ainsi certains minerais de fer, de cobalt et de nickel sont attirables à l'aimant; certains minéraux — comme la fluorine, la topaze, le carbonate de plomb, le quartz, la calcite — s'électrisent par le frottement; d'autres — comme la calamine — s'électrisent quand on les chauffe. Certains minéraux, quand on les frotte, dégagent une odeur particulière; d'autres — comme la fluorine — sont phosphorescents, c'est-à-dire qu'ils dégagent une lueur particulière quand on les chauffe. Enfin beaucoup de minéraux ont une saveur caractéristique.

(1) En réalité, toutes les formes distinctes d'un même minéral peuvent se ramener au même système fondamental, en tenant compte de la *mériédrie*.

J. R.

CHAPITRE V

MÉTAUX ET MINERAIS MÉTALLIQUES. — CARACTÈRES, ESSAIS, GISEMENTS.

Remarques générales. — Aluminium : bauxite ; cryolite. — Antimoine : stibine. — Argent : argent natif ; stéphanite ; argyrose ; cérargyrite ; pyrargyrite ; carbonate de plomb argentifère. — Bismuth. — Chrome : oxyde. — Cobalt : smaltine ; oxyde terreux ; erythrine. — Cuivre : cuivre natif ; chalcosine ; pyrite cuivreuse ; cuivre gris ; cuivre oxydulé ; oxyde noir ; silicate ; malachite. — Etain : cassitérite ; stannine. — Fer : pyrite ; pyrite magnétique ; mispickel ; hématite ; magnétite ; limonite ; franklinite ; vivianite ; vitriol vert ; fer spathique. — Manganèse : pyrolusite, wad, etc. — Mercure : mercure natif ; cinabre ; chlorure ; séléniure ; extraction du mercure. — Molybdène. — Nickel : nickeline ; chloranthite : carbonate ; silicate hydraté. — Or : recherche et reconnaissance ; particularités ; procédé du « pan » : triage mécanique ; traitement au « sluice » ; or natif, etc. Platine : platine natif. — Plomb : galène ; cérusite ; pyromorphite ; chromate ; sulfate ; procédé rapide pour l'extraction du plomb de la galène. — Uranium. — Zinc : calamine ; silicate ; zincite.

1. — Comme nous l'avons dit dans le chapitre précédent, on est surtout guidé, dans la recherche des minéraux utiles, par leur couleur ; leur éclat, et l'aspect des raies que l'on trace à leur surface, servent aussi pour la reconnaissance des minéraux. Si ces caractères ne suffisent pas pour déterminer la nature du minéral, on peut chercher sa dureté et son poids spécifique ; mais il faut avouer qu'il n'est pas facile de prendre la densité des minéraux de faibles dimensions. Il peut arriver qu'on doive procéder à des essais avec le chalumeau ou avec des réactifs chimiques ; c'est même dans beaucoup de cas le meilleur moyen de résoudre la question. Les pages suivantes contiennent un aperçu des principaux minerais utiles — qui sont relativement peu nombreux, — avec l'indication de leurs caractères et de la façon dont ils se comportent au chalumeau et sous l'action des composés chimiques, et la nature des terrains où ces substances se rencontrent, en filons ou en dépôts.

2. — En règle générale, les prospecteurs se préoccupent surtout de la recherche des métaux précieux, or et argent, or surtout. Ils pensent peut-être aussi aux minerais de plomb et de cuivre, mais il leur arrive très rarement d'explorer des cours d'eau à la recherche de la cassitérite, ou des montagnes pour trouver des filons stannifères. Ils peuvent passer à côté de minerais qui n'ont pas l'aspect métallique, comme les silicates, les carbonates, les chlorures, etc., sans les remarquer ; ils peuvent même les prendre en main et les rejeter, à cause de leur faible poids, ou parce qu'ils ne répondent pas à la notion qu'ils se sont faite des roches métallifères. Il peut même leur arriver de dédaigner certains minéraux pesants, trompés par la présence de

l'oxyde de fer qui leur donne l'aspect d'un minerai de fer. Aussi convient-il d'examiner avec soin toutes les sortes de minéraux, et de les soumettre à des essais.

3. — Bien que ce chapitre contienne la description d'un grand nombre de substances métallifères, il serait bon que le prospecteur se familiarise surtout avec l'aspect des divers oxydes, et, à un degré moindre, avec l'aspect des carbonates. des chlorures, etc. Les sulfures que l'on rencontre dans les filons en profondeur se transforment généralement en oxydes à la surface. Considérons par exemple un filon renfermant de la pyrite de cuivre et de la pyrite de fer à quelques mètres de profondeur ; l'affleurement présentera probablement la teinte de rouille due à l'oxyde de fer ; et l'on pourra rencontrer de l'oxyde noir .et peut-être de l'oxyde rouge de cuivre, ainsi que des taches bleues ou vertes dues au carbonate de cuivre. En consultant les pages suivantes, le prospecteur pourra plus facilement reconnaître les oxydes, les carbonates, les chlorures, les sulfures, ou les métaux à l'état natif, qu'il rencontrera sur son chemin.

ALUMINIUM

4. — Ce métal ne se trouve pas à l'état natif, mais combiné avec la silice, l'oxygène, le fluor, etc.

Le corindon, le saphir et le rubis sont de l'alumine presque pure (oxyde d'aluminium). L'émeri est une variété moins pure. Le silicate est très abondant, et entre dans la constitution des roches anciennes, de toutes les argiles, etc. La présence de l'alumine dans une substance se reconnaît en la chauffant au chalumeau, en l'humectant ensuite avec une solution d'azotate de cobalt, et en la chauffant de nouveau ; une coloration bleue, sans éclat, indique la présence de l'alumine. Cette réaction permet de la distinguer de la magnésie dans un minéral. (Voir chap. III, § 11).

Les principaux minerais, à part le corindon (Dureté = 9), que l'on trouve en grande quantité dans les roches cristallines de l'Amérique, et d'où l'on extrait l'aluminium, sont les suivants :

5. — **Bauxite**. Couleurs diverses. Formée parfois de grains agglomérés. Présente aussi l'aspect d'une argile (quelquefois colorée par de l'oxyde de fer).

P. S. (1) : 2,55.

Contient parfois plus de 50 pour 100 d'alumine (ou plus d'un tiers d'aluminium), le reste étant de l'oxyde de fer, de la silice (en faible quantité), et de l'eau. Soluble dans l'acide sulfurique.

6. — **Cryolite**. Minéral translucide, fragile.
Couleur : blanc jaunâtre, rougeâtre ou noir.
Dureté : 2,5.
P. S. : 3.
C'est un fluorure double d'aluminium et de sodium, contenant parfois 13 pour 100 d'aluminium. Fond facilement à la flamme d'une bougie.

7. — La bauxite se trouve surtout près d'Arles, dans le midi de la France. On a trouvé en Irlande une argile assez semblable à la bauxite.

La Cryolite vient du Groënland (dans des gneiss), et d'Amérique.

(1) P. S. = poids spécifique.

L'aluminium est un métal blanc, qui se polit facilement, se moule par fusion, ne se ternit pas à l'air, et convient par conséquent pour beaucoup d'usages.

ANTIMOINE

8. — L'antimoine se trouve généralement combiné au soufre, à l'arsenic, ou au soufre et au plomb.

L'antimoine, dans un minéral, sous n'importe quelle forme, se reconnaît en traitant un fragment de ce minéral avec du carbonate de soude sur un charbon à la flamme réductrice du chalumeau ; s'il y a de l'antimoine, il se produit une tache blanche bleuâtre, qui, étant volatile, disparaît quand on l'expose à la flamme oxydante ou à la flamme réductrice ; dans ce dernier cas elle passe par une coloration verte. Le bouton métallique d'antimoine est blanc et brillant. Vérification : on gratte la tache qui s'est formée sur le charbon, et on la traite avec de l'acide chlorhydrique et du zinc sur une feuille de platine ; il se dépose un enduit d'antimoine sur le platine. Si l'on chauffe un minerai antimonié dans une cuiller en fer, il se forme des fumées blanches qui se condensent sur les bords de la cuiller. L'antimoine avec le borax ou sur le fil de platine, à la flamme du chalumeau, donne les réactions suivantes, après refroidissement :

A la flamme oxydante : incolore.

A la flamme réductrice : incolore ou gris.

En combinaison avec le plomb, le bismuth, ou le cuivre, l'antimoine se reconnaît par d'autres méthodes d'essais.

L'antimoine déprécie beaucoup les minerais métalliques avec lesquels il se trouve dans les filons, car il constitue un inconvénient dans les procédés de fusion ordinaires.

9. — Stibine, *sulfure d'antimoine (grey antimony).*
C'est le minerai d'où l'on extrait l'antimoine dans l'industrie.

Cristallisation : prismes orthorhombiques.

Couleur : gris de plomb.

Traits de lime : gris de plomb et noirâtres.

Éclat : brillant et métallique.

Cassure : brillante ; fines lamelles légèrement flexibles.

Dureté : 2.

Poids spécifique : 4,5 à 4,7.

Composition pour 100 : antimoine 73, soufre 27.

Fusible à la flamme d'une bougie. Au chalumeau et sur le charbon donne des fumées blanches, avec une odeur de soufre. Quand elle est pure, la stibine est soluble dans l'acide chlorhydrique. On trouve parfois à l'affleurement des filons de stibine l'**oxyde d'antimoine** : jaune, blanc, gris, brun. Peut se distinguer d'un minerai de manganèse, qui lui ressemble, par la facilité avec laquelle il fond et par son clivage en diagonale.

Il y a une dizaine de variétés de ce minerai, qui diffèrent par l'aspect des traits de lime qu'on trace à leur surface ; tous ces minerais sont tendres et se rayent à l'ongle. La stibine accompagne les minerais d'argent, de plomb, de zinc, de fer, etc., et se trouve souvent associée à la barytine et au quartz. Se rencontre dans les roches métamorphiques et dans les roches ignées. Si l'on chauffe le sulfure d'antimoine dans un tube de verre fermé à un bout, il se produit un sublimé noir à chaud, brun-rougeâtre à froid.

ARGENT

10. — Les minerais d'argent fondent facilement au chalumeau, avec ou sans carbonate de soude. On obtient un globule métallique, à couleur blanche caractéristique, qui s'écrase et se coupe au couteau avec facilité.

On reconnaît la présence de l'argent dans un minerai, en le pulvérisant et en l'attaquant par l'acide azotique ; la liqueur filtrée ou décantée, additionnée d'une solution de sel de cuisine ou d'acide chlorhydrique, donne un précipité blanc si elle contient de l'argent. Les chlorures de plomb et de mercure peuvent précipiter aussi dans ces conditions ; aussi faut-il se rappeler que le chlorure d'argent est soluble dans l'ammoniaque, tandis que le chlorure de plomb reste précipité, et que le chlorure mercureux prend une coloration noirâtre. Une lame de cuivre bien décapée, plongée dans la solution azotique, se recouvre d'un enduit d'argent métallique, si la liqueur contient de l'argent. Si l'on veut faire un essai pour le cuivre, on introduit dans la liqueur une lame de couteau qui doit se recouvrir de cuivre.

Un fragment de minerai d'argent exposé à un feu très vif, présente parfois à sa surface des grains métalliques blancs.

L'argent métallique se ternit rapidement lorsqu'il est soumis à l'action du soufre ; si on le fait bouillir avec un jaune d'œuf, il noircit.

11. — Argent natif. Se trouve à l'état de fils d'argent, en feuilles minces, en arborescences, etc., et sous forme de cristaux octaédriques.

Couleur et traits de lime : blanc d'argent. L'argent que l'on rencontre dans les filons est en général terni à la surface.

Structure : Se coupe et se martèle facilement.

Dureté : 2,5 à 3.

Poids spécifique : 10,1 à 11,1.

L'argent contient généralement de l'or et du cuivre. Il se reconnaît au chalumeau et aux réactifs acides, par les méthodes que nous avons indiquées ci-dessus. L'argent natif est souvent associé au fer, au cuivre natif, etc.

12. — Stéphanite, *sulfure d'argent et d'antimoine* (*brittle silver ore*). Massif, compact cristallisé en prismes rhombiques, etc.

Éclat : métallique.

Couleur et traits de lime : noir ou gris de fer.

Dureté : 2 à 2,5.

Poids spécifique : 6,29.

Composition : Quand elle est pure, la stéphanite contient environ 71 pour 100 d'argent, le reste étant de l'antimoine, etc.

Elle décrépite au chalumeau avec le carbonate de soude, et donne facilement un bouton d'argent. Si l'on dissout ce minéral dans de l'acide azotique, et qu'on plonge dans la liqueur une lame de cuivre bien décapée, celle-ci se recouvre d'un enduit d'argent. On distingue la stéphanite de l'argyrose en ce qu'elle est fragile, tandis que l'argyrose est tendre et sectile, et qu'on peut lui enlever des copeaux sans la briser.

13. — **Argyrose**, *sulfure d'argent (silver glance).*
C'est un minerai très important, qui se rencontre en masses amorphes, etc.

Cristallisation : cristaux cubiques, octaédriques, etc.

Cassure : conchoïdale ou inégale.

Couleur : noirâtre ou gris de plomb (l'argyrose a un éclat métallique brillant avant d'être exposée à la lumière).

Traits de lime : même couleur et même éclat.

Structure : tendre et sectile.

Dureté : 2 à 2,5.

Poids spécifique : 7,1 à 7,4.

L'argyrose contient 87 pour 100 d'argent, le reste étant du soufre. Elle est associée en général avec les sulfures de plomb, de cuivre, de fer, de zinc, d'antimoine, d'arsenic, etc., et les minerais de nickel et de cobalt.

Au chalumeau, avec le carbonate de soude, l'argyrose donne un globule métallique. On la reconnaît en solution acide par les méthodes ordinaires. Son aspect rappelle celui de certains minerais de cuivre et de plomb, mais on l'en distingue au chalumeau, et grâce à sa malléabilité. Elle fond à la température des flammes ordinaires.

14. — **Cérargyrite**, *chlorure d'argent (horn silver).*
Minéral tendre, qui se trouve sous forme de masses compactes, ou en cristaux. La cérargyrite est à peu près opaque, transparente sur les bords ; elle a l'aspect de la cire.

Cassure : conchoïdale.

Couleur : blanc verdâtre, gris perle, brunâtre, vert sale, etc.; exposée à la lumière, elle passe au b un ou au rouge pourpre, etc.

Traits de lime : gris et brillants.

Dureté : 1 à 1, 5.

Poids spécifique : 5, 55.

Peut se couper comme de la cire ; les sections sont brillantes.

La cérargyrite contient environ 85 pour 100 d'argent, quand elle est pure. Insoluble dans les acides.

Fond à la flamme d'une bougie. Au chalumeau donne facilement un bouton d'argent. Un fragment de ce minéral mouillé et frotté sur une plaque de fer donne un dépôt d'argent. Se rencontre (souvent avec du carbonate de plomb) dans les parties supérieures des filons. Le bromure et l'iodure d'argent accompagnent parfois le chlorure. Si l'on place une lamelle de cérargyrite sur une feuille de zinc, celle-ci noircit rapidement, et le chlorure d'argent est partiellement réduit à l'état métallique sur la surface qui est en contact avec le zinc. Ce minéral entre pour une grande part dans la composition des minerais appelés *pacos* et *colorados* dans l'Amérique du Sud.

15. — Argent rouge (*ruby silver*). Masses amorphes, granuleuses, ou cristaux prismatiques.

Eclat : adamantin et légèrement métallique.

Couleur : parfois noir, noir rougeâtre, ou cochenille brillant.

Traits de lime : rouge cramoisi tendre.

Dureté : 2 à 2,5.

Poids spécifique : 5,4 à 5,6.

Contient environ 60 pour 100 d'argent, le reste étant de l'arsenic, etc. Accompagne la calcite, la galène, etc. L'argent rouge foncé est un sulfure d'argent et d'anti-

moine (**pyrargyrite**) ; l'argent rouge clair contient de
l'arsenic à la place d'antimoine (**proustite**).

16. — Les minerais d'argent se trouvent dans des filons
traversant les roches granitiques ou gneissiques, les schistes argileux, les micaschistes, les calcaires, etc., et accompagnent en général les minerais de fer, de cuivre, de
zinc, de plomb, etc. (La galène est toujours argentifère.)

Dans les riches mines de Leadville (Colorado), l'argent se trouve dans un gisement de carbonate de plomb
compris entre une formation de calcaire bleu au-dessous
et un porphyre blanc au-dessus (Fig. 41).

Le fameux filon du Comstock, dans le Nevada, qui se
compose de quartz (avec, çà et là, de la calcite et des
roches décomposées), de sulfures métalliques, d'argent
à l'état d'argentite, d'argent natif, d'or, etc., est compris
entre une syénite au-dessus et des schistes métamorphiques au dessous. Au Mexique, les gisements argentifères
se trouvent dans le calcaire, ou entre des schistes et des
porphyres, ou traversent des formations ignées et métamorphiques. Au Chili le chlorure d'argent et l'argent
natif se rencontrent en couches stratifiées au-dessus de
roches granitiques, les couches les plus riches semblant
appartenir au terrain crétacé. Au Pérou se trouvent des
gisements argentifères recouvrant des porphyres ou encaissés dans des calcaires. Dans le Colorado et dans
d'autres États de l'Amérique, on trouve des gisements de
chlorure d'argent dans des calcaires, dans des grès, etc.
Dans l'Amérique du Sud, les filons d'argent se trouvent
encaissés dans des andésites, des trachytes, des rhyolites, etc.; les veines argentifères remplissant des fissures sont très nombreuses.

Les mines d'argent du « Barrier Range » se trouvent dans des roches métamorphiques, principalement des micaschistes. Le gisement, près de la surface, contient des carbonates de plomb et de cuivre, du chlorure d'argent, etc.; en profondeur, il contient des sulfures, etc. On trouve quelquefois du manganèse.

17. — Dans ces dernières années, la valeur de l'argent ayant beaucoup baissé, nombre de mines ont dû cesser d'être exploitées — principalement celles qui contenaient des veines de galène (sulfure de plomb) —; quel qu'ait été leur passé, ces mines, à moins que l'argent n'augmente de prix, doivent être considérées comme trop pauvres en argent pour que leur exploitation soit profitable. Mais ceci ne doit pas être une raison pour que le prospecteur ne fasse pas attention aux filons d'argent, quels qu'ils soient. Chaque fois qu'il rencontre un affleurement qui lui paraît indiquer des sulfures en profondeur, il ne doit pas se fier aux apparences; il faut qu'il fasse essayer par un expert des échantillons de roches, car il peut arriver que ces roches, à l'encontre de ce qu'il pensait, donnent des kilos d'argent à la tonne, ou même de l'or. Plusieurs mines de l'ouest de l'Amérique, qui produisaient de l'argent et de l'or, sont maintenant exploitées pour l'or plutôt que pour l'argent et l'or.

18. — Comme nous l'avons déjà dit, le prospecteur doit toujours penser au chlorure d'argent et au carbonate de plomb (argentifère), qui se rencontrent dans beaucoup de districts miniers; chaque fois qu'il le peut, il doit procéder à un examen attentif, et même à des essais, des échantillons de ces deux minéraux qu'il est si facile de ne pas reconnaître. Si l'on songe que les échantillons purs de chlorure d'argent, que l'on trouve quelquefois dans

les amas métallifères de la Nouvelle-Galles du Sud, du Chili, etc., contiennent 75 pour 100 de métal, on comprendra facilement la valeur d'un tel gisement. Le carbonate de plomb (argentifère), également, qui n'a pas du tout l'aspect d'un minerai de valeur, contient souvent une grande quantité de métal précieux.

BISMUTH

19. — Le bismuth se trouve surtout à l'état natif, et aussi en combinaison avec le soufre, l'oxigène, le tellure, l'acide carbonique, etc. Il donne une tache jaune à la flamme oxydante du chalumeau.

L'oxyde, le sulfure, l'arséniure, combinés parfois avec le cuivre, le plomb, etc., sont de couleurs, de duretés et de poids spécifiques variés. La **bismuthine**, *sulfure de bismuth* (*bismuth glanz*), contenant 81 pour 100 de bismuth métallique, est en général de couleur gris de plomb. Dureté : 2 ; poids spécifique : 6, 4 à 6, 5. Chauffée dans un tube fermé, elle dégage du soufre qui se sublime sur les parties froides du tube. Sur le charbon, à la flamme réductrice, elle décrépite et donne une tache jaune qui laisse du bismuth métallique. *L'oxyde* et le *carbonate* de bismuth (généralement jaunâtres, parfois gris, blanc verdâtre, etc.) se trouvent souvent à la surface des filons de bismuth. Dans le Pays de Galles, et aussi ailleurs, la bismuthine se trouve quelquefois dans des minerais aurifères.

CHROME

20. — L'oxyde se rencontre surtout avec le fer, à l'état de **fer chromé.**

Couleur : brun noirâtre.

Éclat : légèrement métallique.

Dureté : 5, 5.

Poids spécifique : 4,5.

Au chalumeau, avec le borax, le fer chromé donne un bouton vert.

Le **chromate de plomb** est rare. La surface des minerais de fer chromé présente quelquefois des taches vert-émeraude. **L'ocre de chrome** est d'une couleur vert-jaunâtre.

Le fer chromé se trouve souvent dans les terrains formés de serpentine. Les composés du chrome sont souvent associés aux minerais de nickel et de cobalt.

COBALT

21. —- Les composés du cobalt, chauffés au chalumeau sur le charbon, donnent des paillettes métalliques blanchâtres, attirables à l'aimant. Le cobalt métallique humecté d'acide azotique sur une feuille de papier donne une solution rouge, qui additionnée d'acide chlorhydrique produit en séchant une tache verte. Traité par le borax, soit à la flamme réductrice soit à la flamme oxydante, il donne un bouton bleu foncé. Avant l'essai, les composés doivent être grillés, pour chasser les matières volatiles.

22. — **Smaltine** (*tin white cobalt*). Cristallisation : cristaux tétraédriques, cubiques, dodécaédriques, etc.

Cassure : inégale, granuleuse.

Couleur · blanc d'étain, grisâtre.·

Traits de lime : gris noirâtre.

Dureté : 5, 3.

Poids spécifique : 6, 4 à 7, 2.

Composition : cobalt et arsenic.

Au chalumeau, la smaltine donne avec le borax et les autres fondants des perles bleues. Donne avec l'acide azotique une solution couleur rouge d'œillet.

23. — **Oxyde terreux** (*earthy oxide*). Ordinairement en masses amorphes.

Couleur : bleu noir.

Dureté : 1 à 1, 5.

Poids spécifique : 2, 2 à 2, 6.

Composition : oxyde de cobalt et de manganèse.

24. — **Erythrine,** *fleur de cobalt* (*cobalt bloom*). Éclat de la perle.

Couleur : rouge pêche, cramoisi; parfois gris ou verdâtre.

Traits de lime : couleur plus pâle, couleur lavande.

Dureté : 2, 5.

Poids spécifique : 2, 9.

Composition pour 100 : oxyde de cobalt, 37, 6 ; le reste, arsenic, oxygène et eau.

Quand on la chauffe, l'érythrine dégage une odeur d'arsenic Au chalumeau avec les fondants elle se comporte comme les autres minerais de cobalt.

25. — Dans la Grande-Bretagne, le minerai de cobalt

se trouve dans des cavités du calcaire carbonifère. En
Norvège et dans d'autres pays on trouve dans les roches
gneissiques et primitives une variété de smaltine. En
Allemagne les gisements de cobalt sont dans des calcaires
au-dessus des schistes cuivreux. Les minerais de nickel
et de cobalt se trouvent souvent ensemble dans les
filons.

CUIVRE

26. — Si l'on pense qu'un échantillon peut contenir du
cuivre, on doit l'essayer au chalumeau ou aux réactifs
chimiques.

Au chalumeau, sur le charbon avec du carbonate de
soude, presque tous les minerais de cuivre sont réduits
et donnent un globule métallique de cuivre. Chauffés avec
du borax ou du sel de phosphore à la flamme oxydante,
ils donnent une perle verte à chaud, bleue à froid. La
plupart des composés du cuivre, chauffés dans la portion
intérieure d'une flamme, communiquent à la portion
extérieure une coloration verte. Ils sont presque tous
solubles dans l'acide azotique. Une lame de fer polie ou
la pointe brillante d'un canif plongés dans la solution
acide, se recouvrent d'un léger enduit de cuivre métallique, si le minerai contient du cuivre. L'ammoniaque
versée dans une solution acide produit une coloration
verte, et si elle est en excès, une coloration bleue. Beaucoup de minéraux du cuivre se dissolvent dans l'acide
citrique, quelques-uns à froid, d'autres à l'ébullition, en
donnant une coloration verdâtre ; une lame de canif
brillante plongée dans la liqueur se recouvre de cuivre.

Certains minéraux, comme la pyrite cuivreuse, se dissolvent dans une solution bouillante d'acide citrique et d'azotate de soude. En l'absence de chalumeau et si l'on ne peut se servir de réactifs chimiques, on peut employer la méthode suivante pour déceler la présence du cuivre dans une substance : on grille d'abord le minéral, et, quand il est chaud, on le plonge dans de la graisse, et on le soumet à la chaleur d'une flamme, qui doit se colorer en vert si la substance contient du cuivre. On peut aussi réduire le minéral en poudre fine, le mélanger avec de la graisse et du sel, et le mettre dans le feu ; le cuivre se reconnaîtra à la coloration bleue ou verte. Si le minéral en poudre est mélangé avec un peu de charbon de bois et chauffé pendant une heure, et qu'on le couvre ensuite de vinaigre pendant un jour environ, le cuivre, s'il existe, produira une coloration bleue, passant ensuite au vert.

A la surface d'un filon de cuivre, les cavités du quartz peuvent contenir de l'oxyde noir, parfois de l'oxyde rouge ou du carbonate vert.

27. — Cuivre natif.

Affecte des formes d'arbustes, de mousses, de filaments ; se trouve aussi en cristaux octaédriques, en grains, etc.

Couleur : rouge cuivre.

Ductile et malléable.

Dureté : 2, 5 à 3.

Poids spécifique : 8, 5 à 8, 9.

Les essais au chalumeau et aux réactifs chimiques se font comme pour les autres minerais de cuivre. Contient généralement de l'argent. Se trouve surtout dans les deux Amériques, en Cornouailles, dans le pays de Galles, etc.

28. — Chalcosine (*copper glance*, *vitreous copper ore*).

Légèrement sectile.

Cristallisation : prismes orthorhombiques.

Couleur : gris noirâtre, se ternissant en passant au bleu ou au vert.

Traits de lime : gris noirâtre, parfois brillant.

Dureté : 2,5 à 3.

Poids spécifique : 5,5 à 5,8.

Composition pour cent : soufre, 20,6 ; cuivre, 77,2 ; fer, 1,5.

Dégage des fumées sulfureuses au chalumeau ; fond facilement à la flamme extérieure, et entre en ébullition, en laissant un globule de cuivre. Fond à la flamme d'une bougie. Ressemble assez au sulfure d'argent, mais s'en distingue par le bouton obtenu à la flamme réductrice. Si l'on dissout ce minéral dans l'acide azotique, et qu'on plonge dans la liqueur la pointe d'un canif, celle-ci se recouvre d'un léger enduit de cuivre ; si c'était du sulfure d'argent, une lame de cuivre introduite dans la solution se recouvrirait d'argent.

29. — Chalcopyrite, *pyrite cuivreuse* (*copper pyrites*).

Cristallisation : cristaux tétraédriques, masses amorphes, etc.

Couleur : jaune de bronze, parfois terne et irisé.

Traits de lime : noir verdâtre, sans éclat métallique.

Dureté : 3,5 à 4.

Poids spécifique : 4,15.

Composition pour cent : soufre, 34 9 ; cuivre, 34,6 ; fer, 30,5.

Dans un tube de verre fermé à un bout, la pyrite cuivreuse décrépite, et dégage du soufre qui se sublime sur les parties froides du tube.

A la flamme réductrice, elle fond et donne un globule métallique. Fondue avec du borax, elle donne du cuivre métallique. Les essais aux acides se font comme pour les autres minerais de cuivre. On la prend quelquefois pour l'or, la pyrite de fer, le sulfure d'étain ; mais elle se brise quand on la coupe, tandis que l'or se découpe en feuilles. Elle est d'une couleur plus foncée que la pyrite de fer, s'entame facilement au couteau, et ne donne pas d'étincelles comme la pyrite de fer. Elle peut se distinguer du sulfure d'étain par les essais au chalumeau et les essais chimiques. Quand le minerai est dur et de couleur pâle, on peut le considérer comme pauvre en cuivre.

Une variété de pyrite cuivreuse (contenant 60 pour cent de cuivre) est d'une couleur jaune rougeâtre pâle.

30. — **Tétraédrite**, *cuivre gris* (*fahlerz*, quand elle contient de l'argent).

Cristallisation : tétraédrique, etc.

Cassure : brillante.

Couleur : entre le gris d'acier et le noir de fer, parfois brunâtre.

Traits de lime : comme la couleur.

Dureté : 3 à 4.

Poids spécifique : 4.75 à 5,1.

Composition pour cent : cuivre, 38,6 ; soufre, 26,3 ; antimoine et arsenic, zinc, fer, argent, etc.

Contient parfois 30 pour cent d'argent, une partie du cuivre étant remplacée par de l'argent. Chauffée au chalumeau, après grillage, elle donne un globule de cuivre. Pulvérisée et dissoute dans l'acide azotique, elle donne une liqueur vert-brunâtre. Ce minerai se distingue des minerais d'argent au chalumeau et aux réactifs chimiques. Plus sa couleur est sombre, moins ils contient d'arsenic..

31. — **Cuprite**, *cuivre oxydulé (ruby copper, red copper ore)*. Se rencontre en masses terreuses, granuleuses, etc.

Cristallisation : cristaux octaédriques et dodécaédriques.

Cassure : brillante.

Eclat : adamantin, ou légèrement métallique.

Translucide ou presque opaque. Les cristaux détachés ressemblent assez à du rubis spinelle.

Couleur : rouge foncé, rubis, souvent gris de fer à la surface.

Traits de lime : toujours rouge brunâtre.

Dureté : 3,5 à 4.

Poids spécifique : 6.

Composition pour cent : cuivre, 88,78 ; le reste, oxygène.

Chauffé dans un tube fermé à un bout, le cuivre rouge noircit. Au chalumeau il donne un globule de cuivre soluble dans l'acide azotique. Soluble dans l'ammoniaque : liqueur bleu d'azur.

32. — **Cuivre noir** (*oxyde noir de cuivre*). Se rencontre généralement à la surface ; provient de la décom-

position d'un sulfate ou d'un autre minerai de cuivre. Le cuivre noire à l'effleurement d'un filon est un indice que ce filon peut contenir d'autres composés de cuivre en profondeur. Si l'on frotte la poudre de ce minéral entre ses doigts et qu'on la projette dans une flamme, celle-ci se colore en vert. Soluble dans l'ammoniaque : liqueur bleu céleste.

33. — Silicate de cuivre. Forme en général des incrustations, se rencontre en masses, etc.

Couleur : vert brillant et gris bleu.

Dureté : 2, 3.

Poids spécifique : 2 à 2,3.

Contient 40 à 50 pour 100 d'oxyde de cuivre.

Rappelle la malachite par sa couleur, mais s'en distingue en ce qu'il ne se dissout pas complètement dans l'acide nitrique, comme le fait la malachite.

34. — Malachite (*carbonate de cuivre*), se trouve en masses botryoides ou sous forme de stalactites, à l'état d'incrustations, etc.

Presque opaque.

Cassure : fibreuse.

Couleur : vert émeraude.

Traits de lime : vert plus pâle.

Dureté : 3,5 à 4.

Poids spécifique : 3,6 à 4.

Contient environ 57 pour 100 de cuivre.

La malachite noircit au chalumeau. Avec le borax elle donne au chalumeau une perle verte, et même un bouton de cuivre. Soluble entièrement dans l'acide azotique, ce qui la distingue d'autres minerais de même apparence.

35. — **L'azurite** (*blue carbonate*), ressemble beau.
coup à la malachite ; mais elle cristallise en prismes or-
thorombiques, et donne des traits de lime bleuâtres.

36. — Nous ne pouvons énumérer ici que quelques-uns
des gisements de cuivre, avec les caractères qu'ils présentent. Les minerais de cuivre se trouvent dans des terrains d'âges divers, en filons et en couches. Le minerai
ordinaire d'un filon de cuivre est la pyrite, qui se dé·
compose à la surface en oxyde noir. En Cornouailles les
filons de cuivre, qui courent en général de l'est à l'ouest,
sont plus riches dans les schistes que dans le granite. Le
nouveau grès rouge du Cheshire et du Shropshire con·
tient des gisements de cuivre, formés surtout de malachite ; le calcaire carbonifère du Shropshire contient
aussi de la malachite et de la pyrite Des veines de pyrite
cuivreuse traversent les ardoises vertes et les roches
porphyriques du nord de l'Angleterre. Sans mentionner
toutes les variétés de filons qui traversent les terrains
d'âges divers de l'Amérique du Nord, voici quelques-uns
des gisements de cuivre de ce pays. Dans les États de
l'Est, on trouve des gisements dans le nouveau grès
rouge, dans le calcaire carbonifère et dans le silurien.
Dans la région du Lac Supérieur, si riche en cuivre natif,
les gisements se trouvent dans des grès et des schistes,
au-dessous de roches dioritiques. Il existe aussi des
filons qui traversent les terrains sédimentaires. On trouve
dans l'Arizona des gisements de cuivre rouge entre des
roches quartzeuses et des roches à hornblende et des calcaires.
Les filons et les gisements du Chili se trouvent dans
des roches à hornblende et des feldspaths. La célèbre

mine « Burra Burra » en Australie, d'où viennent les beaux échantillons de malachite des musées, se compose d'un énorme dépôt irrégulier de malachite et d'autres minerais de cuivre, dans des calcaires et des roches dures, et dans du sol végétable. On trouve aussi des gisements de cuivre dans des schistes, des roches à hornblende, des roches quartzeuses, etc., et des filons de chalcopyrite dans des terrains d'àges divers.

Les sulfures de cuivre (avec ou sans antimoine, arsenic, etc.) existent souvent dans les filons aurifères et argentifères ; aussi convient-il, lors même que l affleurement ne contient pas d'or ni de minéraux argentifères, de faire des essais sérieux.

ÉTAIN

37. — Les minéraux stannifères, chauffés au chalumeau avec du carbonate de soude ou du charbon de bois, donnent de l'étain métallique blanc. En dissolvant l'étain ainsi obtenu dans l'acide chlorhydrique, et en ajoutant à la liqueur du zinc métallique, il se produit un dépôt d'étain spongieux. Au chalumeau, l'étain laisse une tache blanche, qui ne disparait ni dans la flamme oxydante ni dans la flamme réductrice. Humecté avec une solution d azotate de cobalt, le dépôt passe au vert bleuàtre, ce qui le distingue d'autres métaux.

Le principal minerai d'étain est la cassitérite.

38. — **Cassitérite** (*tin ore, oxyde of tin, tinstone*). On la trouve en masses ou en grains.

Cristallisation : prismes carrés, octaédriques, etc.

Couleur : quand elle est pure, ce qui est rare, la cassitérite est incolore et transparente ; elle est en général brune, parfois grisâtre ou blanchâtre, et quelquefois rougeâtre (comme en Australie) ; les cristaux rouges transparents sont rares.

Presque opaque, avec un éclat résineux, légèrement métallique.

Traits de lime : brunâtres.

Dureté 6 à 7.

Poids spécifique : 6,5 à 7,1.

N.-B. — La cassitérite est plus dure que la blende, avec laquelle elle pourrait peut-être être confondue ; elle est en général presque aussi dure que le quartz, et raye le verre.

Pure, contient 77 pour 100 d'étain.

Infusible au chalumeau ; mélangée de carbonate de soude, elle donne de l'étain métallique. Insoluble dans les acides, tandis que la blende se dissout facilement dans l'acide chlorhydrique (1).

La cassitérite ressemble parfois à du grenat sombre, à de la blende noirâtre, etc.

39. — **Étain de rivière** (*stream tin*). C'est le minerai formé de fragments roulés de cassitérite que l'on trouve dans le lit de certaines rivières, ou parmi les galets qui remplissent le fond de certaines vallées.

40. — **Bois d'étain** (*wood tin*). C'est une forme

---

(1) Par suite de sa densité relativement forte, la cassitérite peut être séparée des minerais de fer, de cuivre, etc., qui lui sont associés dans un gisement, par le procédé du « pan » (Voir au § 71). Le mispickel, pourtant, a une densité égale à 6,3.

fibreuse, non cristallisée, de la cassitérite, ressemblant à du bois, de couleur généralement brun clair, avec des bandes concentriques jaunâtres et foncées.

41. — **Stannine**, *sulfure d'étain* (*bellmetal ore.*) C'est un minerai assez rare, que l'on trouve en masses ou en cristaux cubiques.

Couleur : gris d'acier.

Traits de lime : noirs.

Cassure : brillante.

Dureté : 4.

Poids spécifique : 4,3 à 4,6.

Composition : étain (27 pour 100), cuivre, fer, soufre.

Soluble dans l'eau régale.

42. — Les filons stannifères traversent des granites, des gneiss, des micaschistes, des schistes, des rhyolites, etc.

La cassitérite se trouve souvent disséminée dans les terrains encaissants au voisinage des parois d'un filon.

En Cornouailles, les filons courent généralement de l'est à l'ouest, et leur inclinaison moyenne est de 70° ; il y a aussi des filons transversaux. Le minerai se trouve aussi dans une série de veinules au milieu d'un granite friable ; on trouve aussi de la cassitérite en masses, à l'état d'étain de rivière, et dans des veines au milieu de certaines roches, parallèlement aux lits de stratification de ces roches Les filons proprement dits traversent des granites et des schistes. Dans le Queensland on exploite l'étain dans un gisement sédimentaire, et dans des filons qui traversent des roches granitiques ; en Tasmanie, l'étain se trouve dans des gisements sédimentaires, et dans des filons au milieu de porphyres. Dans la Nouvelle-Galles du Sud, des filons de quartz stannifères traversent des granites. Les dépôts d'alluvions de l'Archipel Malais proviennent sans doute de filons traversant des granites ; de même pour les dépôts de Burmah. Dans le Dacota (Amérique), l'étain se trouve dans des veines quartzeuses au milieu d'un granite à gros grains, et dans des micaschistes. Quand on passe au lavage des échantillons de gisements stannifères, il faut faire attention à l'or et aux pierres précieuses ; on trouve aussi assez souvent de la molybdénite et du wolfram dans certains districts stannifères.

Les roches stannifères sont associées parfois à un mica de couleur rose ou lilas.

FER

43. — Chauffés au chalumeau, certains minerais de fer sont infusibles ; beaucoup deviennent magnétiques, s'ils ne l'étaient pas déjà. Quand il n'y a pas d'autres métaux qui le masquent, le fer, dans un minéral chauffé avec du borax sur un fil de platine, donne à la flamme intérieure une perle vert-bouteille ; à la flamme extérieure, une perle rouge sombre à chaud, rouge clair à froid.

44. — **Pyrite de fer** (*iron pyrites*, *mundic.*)
Cristallisation : cristaux cubiques en général, octaédriques, etc.
Éclat : souvent métallique et brillant.
Couleur : jaune de nuances diverses.

Traits de lime : brun noirâtre.

Dureté : 6 à 6, 5.

Poids spécifique : 4, 5 à 5.

Composition : à peu près moitié fer et moitié soufre.

Donne des étincelles au choc de l'acier, et dégage une faible odeur caractéristique, quand on le brise. Chauffée au chalumeau, dégage des fumées sulfureuses, et peut produire un globule métallique, attirable à l'aimant. La pyrite en poudre est très difficilement soluble dans l'acide azotique. Ce minerai contient de l'or en plus ou moins grande quantité, et se trouve généralement dans des filons aurifères, ainsi que dans d'autres filons ; de l'oxyde de fer, colorant le quartz en brun, se trouve à la surface, provenant de la décomposition de la pyrite qui existe dans le filon en profondeur.

On confond la pyrite de fer souvent avec la pyrite cuivreuse, et quelquefois avec l'or ; mais elle s'en distingue en ce qu'elle est trop dure pour se laisser entamer au couteau. La pyrite de fer n'est pas employée pour l'extraction du fer ; c'est le minerai principal avec lequel on produit l'acide sulfurique. Il y a en Espagne de très beaux gisements de pyrite, d'où vient la plus grande partie du minerai importé en Angleterre, bien que le pays produise de la houille.

45. — Pyrrhotine, *pyrite magnétique.*

Cristallisation : prismes hexagonaux, etc.

Couleur : entre le rouge de cuivre et le jaune, se rapprochant du bronze.

Traits de lime : gris noirâtre.

Dureté : 3, 5.

Poids spécifique : 4, 4 à 4, 6.

Composition : environ 60 pour 100 de fer, le reste étant du soufre.

Sur le charbon, à la flamme extérieure, il se forme un globule rouge d'oxyde de fer; à la flamme intérieure, la pyrrhotine fond en donnant un globule noir magnétique à cassure jaunâtre. Elle n'est pas aussi dure que la pyrite de fer, et est légèrement attirable à l'aimant.

46. — **Mispickel**, *pyrite arsenicale* (les mineurs du Cornouailles et du Devonshire l'appellent souvent *mundic.*)

Cristallisation : prismes orthorhombiques modifiés sur les angles, etc.

Couleur : blanc d'argent.

Traits de lime : gris noirâtre.

Éclat : brillant.

Dureté : 5, 5 à 6.

Poids spécifique : 6, 3.

Composition : environ 35 pour 100 de fer, le reste étant de l'arsenic et du soufre.

On trouve souvent du cobalt avec la pyrite arsenicale.

Au chalumeau, le mispickel donne un globule magnétique, et il se dégage une odeur d'ail. Le mispickel donne des étincelles au choc de l'acier, en dégageant une odeur d'ail bien marquée. Chauffé dans un tube, il donne un sublimé.

47. — **Oligiste**, *hématite, fer spéculaire.*

Cristallisation : cristaux rhomboédriques; certains cristaux sont en forme de minces tablettes hexagonales, à bords obliques.

Couleur : gris d'acier foncé dans certaines variétés ; d'autres variétés d'aspect terreux sont rouges.

Traits de lime : la poudre est toujours rouge cerise foncé.

Dureté : 5, 5.

Poids spécifique : 4,5 à 5,3.

Composition : 70 pour 100 de fer, le reste étant de l'oxygène.

Infusible au chalumeau; avec le borax, le fer spéculaire donne une perle jaune à la flamme extérieure, verte à la flamme intérieure.

Il y a plusieurs variétés de ce minerai :

Fer spéculaire : éclat métallique.

Hématite rouge : minéral opaque, sans éclat métallique, de couleur rouge ou brunâtre. Structure radiée.

Ocre rouge et *craie rouge :* tendre, aspect terreux, contenant ordinairement une certaine quantité d'argile.

Argile ferrugineuse jaspée : minerai de fer argileux, etc.

Le *minerai de fer micacé* (variété écailleuse), est employé dans la fabrication d'une certaine sorte de peinture.

48. — Magnétite (*loadstone*).

Couleur : gris de fer foncé, avec l'éclat métallique.

Traits de lime : noirs.

Cassure : brillante.

Dureté : 5,5 à 6,5.

Poids spécifique : 5 à 5,1

Composition pour cent : peroxyde de fer, 69 ; protoxyde de fer, 31.

Infusible au chalumeau. Chauffée avec du borax à la

flamme intérieure, donne une perle vert-bouteille. Réduite en poudre, la magnétite peut être débarrassée de ses impuretés au moyen d'un barreau aimanté. Inattaquable par l'acide azotique ; réduite en poudre, elle est soluble dans l'acide chlorhydrique. Le fer spéculaire et la magnétite en masses peuvent être parfois confondus ; mais il est facile de les distinguer par l'aspect différent des traits de lime qu'on trace à leur surface. La magnétite est le minerai le plus important dans le nord de l'Europe.

49.! — **Limonite**, *oxyde de fer hydraté* (*brown iron ore*).

Aspect parfois terreux ; en masses, avec des surfaces botryoïdes et unies, etc.

Cassure : fibreuse.

Couleur : brun jaunâtre et couleur café.

Traits de lime : jaunâtres.

Éclat : terne ou légèrement métallique.

Dureté : 5 à 5,5.

Poids spécifique : 3,6 à 4.

Composition : 85 pour cent de peroxyde de fer, contenant lui-même sept dixièmes de fer pur.

Au chalumeau, la limonite noircit et devient magnétique.

Chauffée avec du borax, elle donne une perle vert-bouteille à la flamme intérieure.

Variétés :

Hématite brune : surface botryoïde, en forme de stalactites, etc.

Ocre jaune et brune : aspect terreux.

Minerai de fer des marais : structure grossière, friable.

Se trouve à l'état de terre noire ou brunâtre dans les régions basses et marécageuses.

Minerai de fer brun ou jaune : dur et compacte.

50. — Franklinite (minerai d'Amérique).
Couleur : noir sombre.
Traits de lime : brun sombre.
Cassure : brillante.
Composition : 66 pour cent de peroxyde de fer, manganèse et zinc.
Son aspect rappelle la magnétite, mais il est moins métallique.

51. — Mélantérite, *sulfate ferreux hydraté, vitriol vert (copperas).*
Couleur : blanc verdâtre.
Éclat : vitreux et translucide.
Cassure : brillante.
Contient 25 pour cent d'oxyde de fer, de l'acide sulfurique et de l'eau.
Il provient de la décomposition de la pyrite de fer.

52. — Vivianite.
Cristallisation : prismes obliques.
Éclat : perlé ou vitreux.
Couleur : bleu foncé ou vert.
Traits de limes : bleus.
Dureté : 1,5 à 2.
Poids spécifique : 2,6.
Composition : 42 pour cent de protoxyde de fer, acide phosphorique et eau.
Devient opaque au chalumeau.

53. — **Sidérose**, *carbonate de fer, fer spathique* (*iron spar*). Parfois en masses, à structure cristalline.

Cristallisation : cristaux hexagonaux, rhomboédriques, etc.

Couleur : gris jaunâtre ou couleur de rouille ; exposé à l'air, devient rouge brun ou noir.

Traits de lime : incolores.

Dureté : 3 à 4,5.

Poids spécifique : 3,7.

Composition : 62 pour cent de protoxyde de fer, acide carbonique, etc.

Au chalumeau, la sidérose noircit et devient magnétique. Colore le borax en vert. Se dissout dans l'acide azotique, mais sans grande effervescence, bien que ce soit un carbonate, à moins qu'elle ne soit en poudre. Chauffée dans un tube fermé, elle décrépite souvent, passe au noir et devient magnétique.

Le minerai de fer argileux du « Black Band » est une variété impure de sidérose.

54. — L'oxyde et le carbonate sont les principaux minerais de fer ; leurs gangues sont calcaires, argileuses, siliceuses ou bitumineuses, et leur valeur dépend dans une certaine mesure des minéraux auxquels ils sont associés. Ainsi, pour les minerais spathiques, la présence de 5 à 15 pour cent de manganèse, ou la présence de matières carbonatées dans un minerai argileux, sont des avantages ; l'association de la pyrite à certains minerais de fer diminue leur valeur, etc.

La magnétite se trouve dans des granites, des gneiss, des schistes, des calcaires.

On rencontre des gisements remarquables d'hématite

rouge dans le carbonifère, dans le cambrien, dans le silurien et dans le dévonien. Dans le Cumberland, le nord du Lancashire et le Pays de Galles, les veines vont du nord au sud dans un terrain calcaire montagneux. Des gisements de minerai de fer brun se trouvent dans le calcaire carbonifère et le houiller inférieur en plusieurs points de l'Angleterre et du Pays de Galles ; on en trouve aussi dans le lias, l'oolite et les sables verts inférieurs de certaines régions. En Espagne, le crétacé contient de l'hématite brune. On trouve des minerais de fer spathique dans le carbonifère, dans le dévonien et dans des terrains plus anciens. Les schistes et les argiles du houiller et le lias contiennent du minerai de fer argileux.

55. — **Fer titané.** Le *minerai de fer titanifère*, parfois en masses, mais le plus souvent sous forme d'un sable noir foncé résultant de la désagrégation des roches de la contrée, est très abondant dans certaines régions de l'Amérique du Nord, de la Nouvelle-Zélande, etc., et se trouve souvent associé avec de l'or, des pierres précieuses, des composés métalliques pesants, etc. Ce minerai est malheureusement assez réfractaire. Il se distingue du fer spéculaire, avec lequel on pourrait le confondre, par la couleur noire des traits de lime qu'on trace à sa surface.

MANGANÈSE

56. — Le principal minerai est l'oxyde noir : **pyrolusite,** *manganèse (grey manganese.)*

Il se trouve sous forme compacte ou granuleuse ; la poudre noire qui remplit les trous du minerai tache les doigts.

On rencontre parfois de petits cristaux brillants comme de l'acier, ou des masses botryoïdes à structure fibreuse·

Éclat : légèrement métallique.

Couleur et traits de lime : noirs.

Dureté : 2 à 2, 5.

Poids spécifique : 4, 8 à 5.

Composition : 63, 3 pour 100 de manganèse, le reste étant de l'oxygène.

Vive effervescence avec le borax à la flamme du chalumeau.

Le bioxyde de manganèse, chauffé avec du borax sur un fil de platine, donne à la flamme oxydante une perle violette ou noire à chaud, violet rougeâtre à froid ; à la flamme réductrice une perle incolore à chaud, incolore ou rose à froid. En fondant un minéral avec du carbonate de soude, on obtient une perle verdâtre s'il contient du manganèse.

Le **wad**, *manganèse des marais (bog manganese)*, est une variété terreuse ou compacte, qui diffère de la pyrolusite en ce qu'elle contient 10 pour 100 d'eau.

La **psilomélane** (*psilomene*) est un oxyde de manganèse hydraté qui contient de la baryte et d'autres substances. Chauffée avec du boraxelle produit une violente effervescence. Ces oxydes sont solubles dans l'acide chlorhydrique, et dans une solution bouillante d'acide citrique.

Le *manganèse spathique* (de couleur rougeâtre) se compose de protoxyde de manganèse, de silice, etc.

Les gisements de manganèse se trouvent en différents points du globe, et paraissent provenir de la diffusion du métal contenu d'abord dans les roches anciennes.

MERCURE

57. — Chauffé dins un tube de verre avec du carbonate de soude, les composés du mercure donnent un sublimé de mercure sur les parties froides du tube.

58. — **Mercure natif.** Se trouve quelquefois à l'état de globules liquides de couleur blanc d'étain.
Poids spécifique : 13, 6.
Se volatilise au chalumeau, et se dissout facilement dans l'acide azotique.

59. — **Cinabre,** *sulfure de mercure (cinnabar.)* C'est le minerai d'où l'on extrait le mercure dans l'industrie. Se trouve tantôt en masses de structure granuleuse, tantôt en cristaux brillants, transparents, d'une belle couleur carmin.
Couleur : généralement rouge, parfois rouge brillant ; aussi brun, brun-noirâtre, etc.
Traits de lime : rouges.
Éclat : non métallique.
Structure : minéral sectile.
Dureté : 2 à 2, 5.
Poids spécifique : 6 à 8.
Composition : 85 pour 100 de mercure, le reste étant du soufre.
Se volatilise au chalumeau. Soluble dans l'eau régale (4 parties d'acide chlorhydrique et 1 partie d'acide azotique), mais insoluble dans l'acide chlorhydrique et dans l'acide azotique. Une lame de cuivre propre plongée

dans la dissolution se recouvre d'un enduit de mercure.

Le minerai pulvérisé placé dans un poëlon de fer avec de la chaux vive, et chauffé légèrement, donne un globule de mercure au fond du poëlon. Placé dans un récipient en verre pouvant supporter le feu, tel qu'un ballon, et soumis à une forte chaleur, le minerai pulvérisé donne un sublimé de mercure à la partie supérieure du réci-pient. Chauffé dans un tube fermé à un bout, il donne des gouttelettes de mercure qui se condensent dans la partie froide du tube. Près de l'échantillon il se forme un sublimé noir, qui devient rouge si on le frotte. Si l'on place du cinabre pulvérisé dans le fourneau d'une pipe, et qu'on le recouvre avec de l'argile, on peut, en chauf-fant le fourneau à un bon feu, recueillir du mercure sur une surface froide maintenue devant le tuyau, de façon que les fumées de mercure s'y condensent. Une pièce d'or ou une lame de cuivre propre placées au milieu de ces fumées se recouvrent bientôt de mercure.

60 — **Calomel**, *chlorure de mercure (horn quicksil-ver.)* Cristallisé ou granuleux, de couleur blanc sale ou gris cendré, avec des traits de lime jaunâtres. Accom-pagne souvent le cinabre.

Dureté : 1 à 2.

Poids spécifique : 6, 48.

61. — **Séléniure de mercure.** Couleur gris d'acier ou gris de plomb, éclat métallique. Se trouve au Mexique.

62. — Voici les principaux gisements de cinabre :

Californie : dépôts dans des roches crétacées, etc.

Idria (Illyrie) : disséminé dans des schistes bitumineux, des calcaires, des grès.

Espagne : dans des veines traversant des schistes micacés.

Australie : dans des veines traversant le dévonien, etc.

Italie : dans des veinules traversant des ardoises micacées.

Mexique : veine de mercure dans du porphyre.

Amérique : minerai de mercure dans des couches de schistes et de grès, etc. Dans l'Utah il est associé à l'or.

D'une façon générale, les minerais de mercure se rencontrent dans les terrains anciens et récents. Dans la Nouvelle-Galles du Sud on a trouvé de petits morceaux arrondis de cinabre dans des alluvions aurifères et diamantifères.

MOLYBDÈNE

63. — Pour reconnaître la présence du molybdène dans un minéral, on le chauffe au chalumeau sur du charbon de bois. Il se produit un sublimé blanc-jaunâtre, cristallisé près de l'échantillon, jaune à chaud, blanc à froid ; la flamme se colore en bleu verdâtre. A la flamme réductrice, le sublimé devient bleu d'azur.

Le principal minerai est le sulfure (**molybdénite**), qui a l'aspect du graphite, mais s'en distingue facilement aux essais.

Dureté : 1, 2.

Poids spécifique : 4 à 5.

Composition : près de 59 pour 100 de molybdène, le reste étant du soufre.

Très souvent un *oxyde jaunâtre* (ocre) accompagne le sulfure, en formant des incrustations. Il contient 66 pour 100 de molybdène.

Le *molybdate de plomb* (jaune) donne au chalumeau un bouton métallique.

NICKEL

64. — Pour reconnaître la présence du nickel dans un minéral, au moyen du chalumeau, il faut opérer avec beaucoup de soin. En le chauffant sur du charbon avec du carbonate de soude, on obtient à la flamme intérieure une poudre métallique grise, attirable à l'aimant. En le chauffant avec du borax sur un fil de platine dans la flamme extérieure, on forme une perle rouge hyacinthe ou brun violet à chaud, jaunâtre ou brun jaunâtre à froid. A la flamme réductrice on obtient un bouton gris.

65. — **Nickeline**, *pyrite arsenicale* (*kupfernickel*, *arsenical nickel*). Se trouve généralement en masses, affectant des formes de rognons, de colonnes, d'arborescences, etc.

Cristallisation : système hexagonal.

Couleur : rouge de cuivre (grisâtre ou noirâtre quand le minéral est terni).

Traits de lime : plus pâles.

Éclat : métallique.

Cassure : brillante.

Dureté : 5 à 5,5.

Poids spécifique : 7,3 à 7,7.

Composition : 35 à 45 pour 100 de nickel, le reste étant surtout de l'arsenic.

Ressemble souvent au cuivre natif, mais est plus dur. Soluble dans l'eau régale, en donnant une liqueur verte qui passe au bleu violet par l'addition d'ammoniaque.

66. — Chloranthite (*white nickel, nickel glance*).
Cristallisation : système cubique.
Couleur : blanc d'argent ou gris d'acier.
Traits de lime : gris noirâtre.
Éclat : métallique.
Cassure : brillante.
Dureté : 5,5 à 6.
Poids spécifique : 6,4 à 6,7.
Composition : 25 à 30 pour 100 de nickel, le reste étant de l'arsenic.
Soluble dans l'eau régale.

67. — Carbonate de nickel (*emerald nickel*).
D'un vert brillant. Contient 28,6 pour 100 d'eau.
68. — Silicate de nickel hydraté.
Abondant en Nouvelle-Calédonie.
Couleur : vert tendre ou foncé.
Traits de lime : vert tendre.
Dureté : 2,5.
Poids spécifique : 2,2 à 2,86.
Dégage de l'eau quand on le chauffe. Au chalumeau avec du borax, fond en donnant un bouton de nickel. C'est un silicate de nickel et de magnésie, contenant du fer, etc. Les bons échantillons fournissent 12 pour 100 de nickel. Se trouve en filons ou en poches dans des serpentines. La gangue est de la silice caverneuse. Dans un

filon, le nickel est quelquefois remplacé par le cobalt. Il est associé parfois au fer chrômé.

69. — A part le minerai de la Nouvelle-Calédonie, le principal minerai est la chloranthite. On en rencontre dans plusieurs régions de l'Europe, dans des roches métamorphiques, des syénites, etc. ; elle est généralement associée à des minerais de cobalt, de cuivre, d'argent, de plomb, etc. Au Canada, se trouve un gisement nickelifère compris entre un calcaire magnésien au-dessus et des serpentines au-dessous.

A la surface d'un filon de nickel, on remarque des taches vertes. Les terrains à serpentines méritent toujours d'être explorés pour le nickel, le cobalt et le chrome.

OR

70. — Pour reconnaître l'or à l'état libre ou à l'état natif dans une roche, dans un sable ou dans un gravier, il faut examiner avec soin l'échantillon, au moyen d'une loupe, si l'œil ne suffit pas. Les parcelles d'or, s'il y en a à l'état libre, se verront probablement, soit humides soit sèches, et un prospecteur habile les distinguera facilement du mica blanc, de la pyrite de fer et de la pyrite cuivreuse. La couleur habituelle de l'or est bien connue ; mais il faut se rappeler que dans certaines régions, telles que la Nouvelle-Galles du Sud, l'Australie, Costa-Rica, l'or est souvent très peu coloré ; il arrive même qu'il paraît moins jaune que la pyrite de fer. L'or présente la même couleur dans toutes les directions suivant les-

quelles on le regarde ; c'est une propriété qui sert au prospecteur pour le reconnaître. Un grain d'or détaché d'une roche ou provenant d'un sable ou d'un gravier peut être aplati sous le marteau, et coupé en tranches, tandis que les substances, qui pourraient être confondues avec l'or, se réduisent en poudre quand on les frappe à coups de marteau. La pyrite de fer est trop dure pour se laisser entamer au couteau ; la pyrite cuivreuse, dans les mêmes conditions, donne une poudre verdâtre. D'ailleurs, les pyrites dégagent une odeur sulfureuse quand on les chauffe. Le mica blanc, que l'on peut souvent prendre pour de l'or, n'est pas sectile, et les traits de lime qu'on trace à sa surface sont incolores ; on peut ainsi le distinguer de l'or. Il est bon de remarquer aussi que les taches d'or, sur les roches, ne changent ni de couleur ni d'aspect quand on les humecte d'acide chlorhydrique. Comme la proportion d'or contenue dans une roche est en général très faible — et il n'est pas besoin qu'il en soit autrement pour que la roche soit exploitable industriellement — la meilleure façon de déterminer cette proportion consiste à faire une scorification en une fusion au creuset, puis une coupellation. Ce procédé, toutefois, n'est guère pratique en campagne ; aussi les prospecteurs ont-ils recours en général à des méthodes plus simples, en se contentant d'essais rapides ; comme l'or se rencontre fréquemment — mais pas toujours — à l'état libre, ces méthodes suffisent largement. Il faut aussi se rappeler que l'or existe souvent à l'état de poudre très fine, invisible à l'œil nu ou même à la loupe, et que les grains d'or peuvent être recouverts d'un enduit, formé probablement de sulfure d'arsenic, qui empêche de les reconnaître, et qui leur enlève la propriété de s'amalga-

mer au mercure avant d'avoir été grillés ou d'avoir subi
certaines opérations.

71. — Pour passer au *pan* les matériaux aurifères (1),
on place le gravier, le sable, ou la roche pulvérisée mais
pas trop finement, dans un vase à fond plat appelé *pan*,

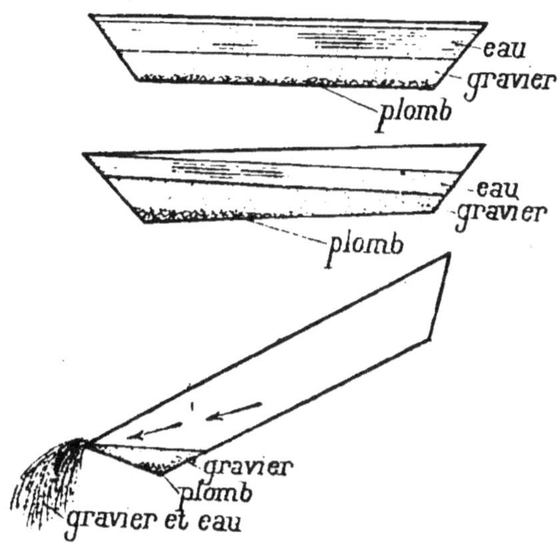

Fig. 32, 33 et 34.

ayant environ trente centimètres de diamètre, et plus
large au bord qu'au fond de cinq à huit centimètres. Le
pan, aux trois quarts rempli de minerai, est tenu incliné
sous l'eau, ou bien on y fait tomber de l'eau, et en agi-
tant le pan par une sorte de mouvement oscillant, de
façon à imprimer des secousses aux matières qu'il contient, on fait passer par-dessus le bord du pan les por-

(1) Le gravier doit être débarrassé des grosses pierres ou des gros
cailloux, et l'argile broyée et finement pulvérisée dans de l'eau,
avant de passer au « pan ».

tions les plus légères du minerai ; après un certain temps de ce lavage, les portions les plus lourdes, comme l'or, le sable ferrugineux, etc., restent au fond du vase. Le sable ferrugineux, s'il est magnétique, peut être séparé de l'or au moyen d'un aimant ; on peut encore, après séchage, le chasser en soufflant doucement dessus. Au Brésil, on se sert, en guise de pan, d'un vase en bois, appelé « batea ».

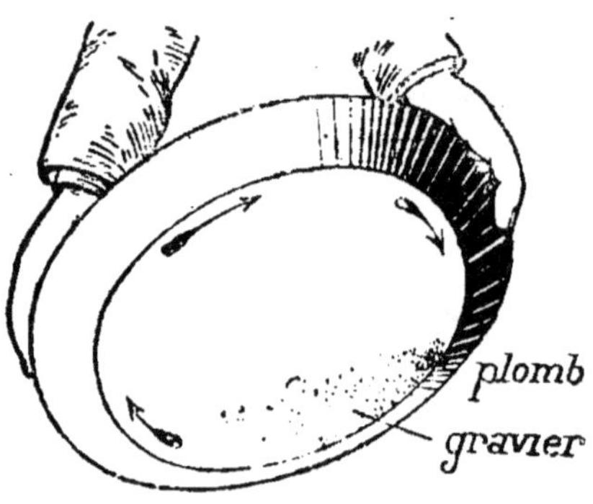

Fig. 35.

72. — Il est bon, pour qui veut employer la méthode du *pan*, d'acquérir au préalable un peu de pratique. Pour cela, on mélange du plomb en poudre, ou de la pyrite de fer ou de cuivre pulvérisée, avec une assez grande quantité de gravier ou de sable. On lave le tout à l'eau de façon à enlever tout ce qui est soluble ou se met facilement en suspension dans l'eau ; la séparation du plomb ou de la pyrite au pan s'observera ainsi plus nettement. On remplit alors le pan d'eau pure, et on lui imprime des secousses circulaires, et de temps en temps des secousses longitudinales, pour faire tomber les matières lourdes qui disparaissent sous le gravier. En incli-

nant légèrement le pan tenu à bout de bras, et en conti-
nuant à le secouer; le plomb se réunit à la partie inférieure, et l'eau entraîne une partie du gravier (fig. 34).
En répétant plusieurs fois ce manège, un opérateur adroit
arrivera à faire entraîner par l'eau toutes les matières,
sauf le plomb.

73. — Le débutant qui manque de l'adresse nécessaire
ou qui craint de laisser partir le plomb, peut ne pas
pousser l'opération aussi loin. Mais s'il reste, à la fin de
l'opération, une petite quantité de gravier, suffisante
pour cacher entièrement la présence du métal, il inclinera
le pan en le tenant à bout de bras, et communiquera à
l'eau, pendant quelque temps, un mouvement circulaire
autour du fond; une partie du gravier sera entraînée, et
le métal restera en arrière (fig. 35). Si l'on réussit dans
ces essais avec le cuivre (poids spécifique : 8,75) et le
plomb (poids spécifique : 11,35), on réussira certainement aussi avec l'or (poids spécifique : 19,35).

74. — Quand l'or est en poudre assez fine pour flotter
sur l'eau, il faut verser de l'eau sur les parcelles flottantes, de façon à en mouiller la surface, et à faire tomber ainsi une certaine quantité d'or au fond du pan.

75. — Il existe une autre méthode pour extraire l'or
contenu dans un minerai. Les quartz superficiels recouverts d'oxyde de fer ou d'autres taches — ce qui indique
des sulfures dans les filons en profondeur — peuvent être
traités pour l'or par le procédé de l'amalgamation. On
réduit en poudre fine, dans de l'eau, une certaine quantité de minerai (1). On y ajoute du mercure, dans la pro-

(1) Le quartz, placé dans un bon feu pendant quelques minutes,
et plongé ensuite dans de l'eau froide, peut se pulvériser facilement.

portion d'environ 1 gramme de mercure pour 100 grammes de minerai ; et, si l'on peut, une petite quantité de cyanure de potassium. On broie ce mélange pendant deux ou trois heures, jusqu'à amalgamation complète de l'or et du mercure. On ajoute de l'eau, et quand l'amalgame s'est rassemblé au fond du vase on décante les substances légères, on recueille l'amalgame et on le filtre en le pressant dans une peau de chamois ; le résidu est chauffé pour chasser le mercure, ou bien on traite l'amalgame par l'acide azotique, qui dissout le mercure et laisse l'or.

L'addition d'un peu de sodium facilite l'amalgamation, et diminue la perte résultant de l'*enfarinage* (1). On perd parfois jusqu'à 30 pour 100 de métal dans les *tailings* (2).

76. — Sur les gisements d'alluvions, le lavage des dépôts aurifères se fait en général dans des *sluices*, c'est-à-dire des canaux, ayant une inclinaison d'environ 10 pour cent. Ces canaux sont constitués par une série d'auges formées de planches clouées ensemble, ayant chacune environ 30 mètres de longueur, 20 à 60 centimètres de profondeur, et 30 centimètres à 1 mètre 50 de largeur Ces auges se rétrécissent à l'une de leurs extrémités d'une dizaine de centimètres, ce qui permet de les emboîter les unes dans les autres, et de former ainsi un canal d'une très grande longueur. En travers des planches

(1) L'enfarinage (flouring) provient de ce que les globules de mercure se recouvrent d'une couche d'impuretés (sulfure, etc.) ; il nuit à l'amalgamation en empêchant le contact de l'or et du mercure.

J. R.

(2) Les *tailings* sont les résidus du traitement des minerais.

J. R.

du fond sont fixées des pièces de bois, d'environ 5 centimètres d'épaisseur, et d'une dizaine de centimètres de largeur, disposées perpendiculairement à la direction des canaux, ou quelquefois à 45° de cette direction, et très rapprochées les unes des autres. L'eau charrie la terre que l'on place dans le canal, qui est découvert, et l'or s'accumule contre les barreaux transversaux, tandis que les substances plus légères sont entraînées ; on facilite parfois le dépôt de l'or en disposant de distance en distance des récipients laissant tomber du mercure dans le canal.

77. — Tellurures dans les minerais d'or. En chauffant un minéral en poudre dans un tube fermé à un bout, avec du charbon de bois et du carbonate de soude, et en ajoutant ensuite de l'eau chaude, on reconnaît la présence d'un tellurure à la couleur pourpre de la solution. Chauffés avec de l'acide sulfurique, les tellurures donnent une solution rose-pêche. Au chalumeau, ils produisent une tache brun jaunâtre, qui donne une coloration verte quand on la chauffe à la flamme réductrice. Si l'on chauffe sur du charbon un tellurure aurifère, on obtient un globule d'or.

78. — Or natif. Se trouve en grains, en lamelles, parfois en fils, en pépites, etc.

L'or contient toujours une petite quantité d'argent (quelquefois 10 pour 100, comme en Californie), et souvent il renferme d'autres métaux.

Couleur : jaune.

Dureté : 2, 5 à 3

Poids spécifique : 12 à 20.

Chauffé au chalumeau sur du charbon de bois avec du carbonate de soude, l'or donne un bouton jaune, qui se martèle et se coupe facilement. Si l'on dissout le minerai en poudre dans l'eau régale (4 parties d'acide chlorhydrique et 1 partie d'acide azotique), l'addition de protochlorure d'étain dans la dissolution produit un précipité pourpre (pourpre de Cassius) ; l'addition d'une solution de sulfate ferreux (vitriol vert) précipite une poudre brun foncé qui n'est autre chose que de l'or pur.

79. — L'or, presque toujours à l'état natif, est très largement distribué sur le globe ; on en trouve dans du gravier, du sable, de l'argile, des dépôts d'alluvions, résultant de l'érosion de sédiments aurifères (les portions riches de ces gisements sont parfois accompagnées de substances ferrugineuses brunes), ou de filons quartzeux qui traversent les schistes anciens et les roches métamorphiques primitives, et quelquefois le granite. L'or se trouve aussi disséminé dans des roches à structure granuleuse (1). Les filons et les dépôts aurifères se présentent sous l'aspect de la figure 36, qui représente une coupe des monts Ourals. La pyrite de fer, la pyrite cuivreuse, la magnétite, la blende, la galène, etc., sont des minéraux métallifères qui accompagnent fréquemment l'or dans les filons ; la pyrite de fer que contiennent les filons d'une région aurifère, contient presque toujours, sinon toujours, une certaine proportion d'or. A la surface d'un filon, on distingue parfois, à l'œil nu ou à la loupe, des taches d'or dans les cavités des quartz bruns en nid d'abeilles ; mais il peut se faire que l'or soit invisible dans la pyrite qui se trouve en profondeur dans le

____

(1) Telles que le granite, la diorite, le gabbro, etc.

filon, et qui n'a pas été soumise aux actions atmosphériques et aux autres phénomènes d'altération qu'ont subis les portions superficielles du filon.

80. — C'est dans les conditions que nous venons d'énumérer que l'or se rencontre en général ; mais il ne faut pas oublier qu'on a exploité de l'or, avec profit, dans des conditions inattendues, par exemple, dans des dépôts siliceux de sources thermales, dans des trachytes, dans certains conglomérats, etc. En général, la découverte de l'or dans des alluvions conduit à la découverte de filons dans le voisinage ; mais, de ce que l'on ne trouve pas de dépôts aurifères, il ne s'ensuit pas que la région ne soit pas aurifère. De même, de ce qu'on ne trouve pas d'or à l'affleurement d'un filon, il ne s'ensuit pas que le filon doive être stérile.

81. — Nous n'avons pas à discuter ici la théorie de la formation des filons aurifères. Dans les dépôts d'alluvions les grains d'or sont généralement arrondis par l'usure ; il en est de même pour certains autres gisements. Mais il faut remarquer que dans certains conglomérats l'or se trouve à l'état de minces lamelles, ce qui doit faire écarter l'idée que la distribution du métal dans ces gisements puisse être dûe à la loi de la pesanteur, comme c'est le cas pour la plupart des dépôts dans lesquels les portions situées contre la roche en place sont les plus riches. Disons aussi que dans les conglomérats, tels que ceux du Sud-Africain, l'or ne se trouve pas surtout dans les cailloux, mais dans le ciment qui les soude les uns aux autres.

82. — Dans presque tous les pays d'Europe on a rencontré des gisements d'or ordinaires, c'est-à-dire des dépôts et des filons dans les roches plus anciennes que

le carbonifère, dans les roches métamorphiques, etc.

On a trouvé de l'or — d'exploitation peu fructueuse en général — dans les boues et les sables de certains fleuves comme le Danube, l'Elbe, l'Oder, le Weser, le Rhin, et dans beaucoup de rivières moins importantes ; les régions montagneuses que traversent ces cours d'eau contiennent donc aussi des roches aurifères. L'Autriche-Hongrie est riche en filons aurifères, dans lesquels l'or

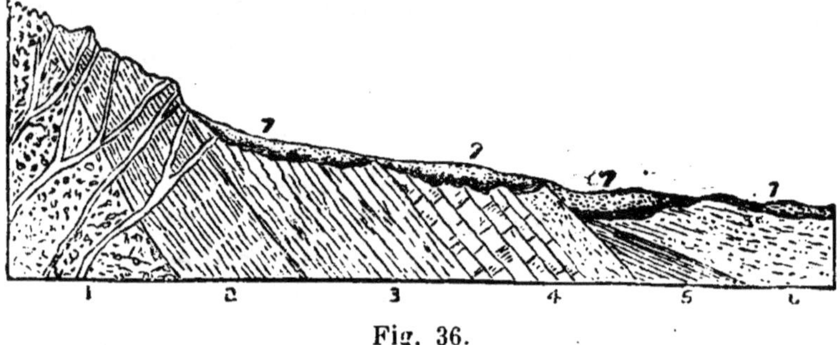

Fig. 36.

se trouve parfois à l'état de tellurure, et dans les Monts Ourals il y a d'immenses gisements d'alluvions aurifères (Voir fig. 36).

Dans les Iles Britanniques l'or se trouve en Ecosse en divers endroits, en Irlande, en Cornouailles, dans le Devonshire, dans le Lancashire, et surtout dans le Pays de Galles. Dans le nord du Pays de Galles on n'a pas seulement recueilli de l'or dans les lits des rivières et dans les sables des rivages, mais on en a aussi retiré de certains filons, dont l'un a même été exploité par les Romains. Les bancs de quartz aurifère, contenant de la pyrite de fer, de la galène, etc., traversent des schistes fossilifères anciens (cambrien inférieur et supérieur), et à l'intersection de ces filons aurifères avec d'autres filons de cuivre et d'argent les bancs sont parfois riches.

83. — Les États de l'ouest (spécialement la Californie) et certains États du sud de l'Amérique du Nord, le Canada, la Nouvelle-Ecosse, la Colombie britannique, l'Amérique centrale, le Chili, le Vénézuela, le Brésil (dont certaines mines ont été exploitées avec beaucoup de profit à des époques déjà lointaines), l'Australie (Queensland, Tasmanie, Sud-Australien, Ouest-Australien, nouvelle Galles du Sud, et surtout Victoria), la Nouvelle-Zélande, la Côte occidentale d'Afrique, le Sud-Africain, l'Inde, Bornéo, la Nouvelle-Guinée, les Iles Philippines, Ceylan, Madagascar, la Perse, etc., sont tous des pays aurifères.

Voici quelques-unes des conditions dans lesquelles se trouvent les principaux gisements aurifères.

84. — **Australie et îles voisines.** *Victoria.* — Bancs de quartz aurifères, surtout dans le Silurien inférieur, et moins fréquemment dans le Silurien supérieur. La direction de la majorité du premier système de filons du premier système est N.-O. S.-E , celle des filons du second système est N.-E. S.-O. Il n'y a pas seulement des gisements d'alluvions ordinaires, comme ceux que l'on rencontre, au voisinage de la surface, dans les terrains formés par l'amoncellement des débris des filons aurifères situés en amont, gisements qui sont très riches ; il y a aussi, comme en certains points de la Californie, des gisements dans les lits d'anciens cours d'eau qui ont été ensuite recouverts par d'autres dépôts sédimentaires sur lesquels ont coulé des laves volcaniques. La figure 37 montre la disposition d'un pareil gisement.

Les bancs en forme de dos d'âne de Bendigo sont interstratifiés avec des grès, ou avec des grès et des ardoises ; ils se trouvent surtout dans les anticlinaux, se terminant en pointe en profondeur (fig. 38).

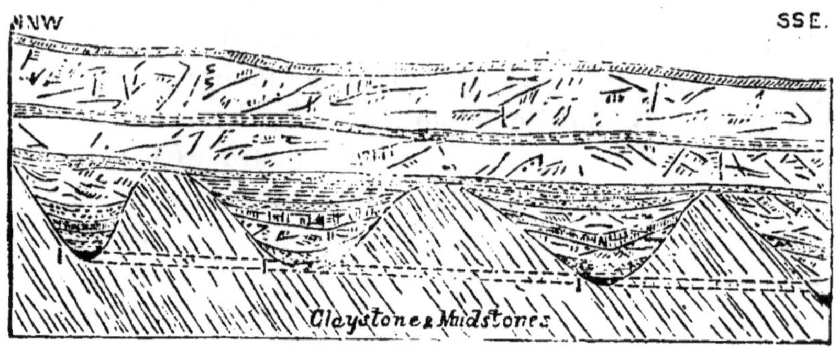

Fig. 37.

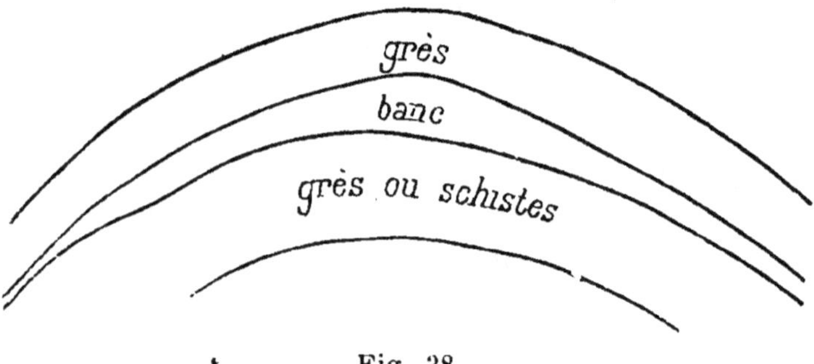

Fig. 38.

Nouvelle-Galles du Sud. — Filons aurifères dans le silurien, le dévonien et le carbonifère ; au contact des diorites et des serpentines, et dans des diabases. Grès, conglomérats aurifères, etc.

Queensland. — Filons de quartz aurifères, surtout dans les roches métamorphiques, quelquefois dans des granites et des syénites, et dans des alluvions provenant le ces roches. Le gisement aurifère de Mount Morgan est probablement le résultat d'un geyser, l'or s'y trouve dans des dépôts siliceux d'eaux thermales. En certains points la gangue est alumineuse, en d'autres points c'est le fer qui prédomine. L'or se trouve aussi en filons dans des diorites.

Ouest Australien. — Filons aurifères simples ou complexes dans des diorites (notamment dans le district de Coolgardie), dans des diabases, dans des schistes dioritiques, des micaschistes, des chloritoschistes, des schistes à hornblende, des talcoschistes, des granites, des ardoises, des schistes argileux, du kaolin, des serpentines, etc. En certains points les filons sont interstratifiés avec des schistes. La roche encaissante, dans le district de Black-Flag, se compose de porphyre, etc.

Dans le Great-Boulder la roche aurifère contient un mélange de minerai de fer quartzeux, de matériaux feldspathiques, etc. Les filons traversent des schistes à hornblende et à diorite.

A Hannan, l'or se trouve dans des dykes (1) de diabase, etc. En profondeur on rencontre fréquemment des tellurures riches en or.

A Nullagine, dans le nord-ouest, se trouvent des conglomérats aurifères et diamantifères, assez semblables à ceux du Transvaal.

Parmi les minéraux avec lesquels on rencontre exceptionnellement de l'or, il convient de citer le jaspe, le graphite, les cristaux de quartz, la chrysoprase (2). L'or

----

(1) Les dykes sont des épanchements de roches ignées qui pénètrent dans les fissures des terrains stratifiés.
(2) C'est une variété de calcédoine, de couleur vert pomme.

J. R.

se trouve également dans des dépôts siliceux de sources thermales, des porphyres, etc ; ils existe aussi disséminé dans des schistes, des granites, etc.

Nouvelle-Zélande. — Gisements aurifères dans les lits de certaines rivières, dans des fonds de vallées, dans des alluvions sur les plaines ; l'or se trouve parfois dans des conglomérats, associé à de la magnétite sur des rivages, dans des dépôts glaciaires, etc. Veines de quartz aurifères traversant des terrains métamorphiques et des andésites.

Nouvelle-Guinée. — Sable noir aurifère. Il existe un dépôt formé de schistes décomposés, de quartz, et de conglomérats, recouvert d'argiles feuilletées.

85. — Asie. *Inde.* — L'or se trouve en beaucoup d'endroits, dans des filons et des dépôts d'alluvions. Le Wynaad contient des bancs aurifères qui traversent des terrains granitiques et métamorphiques.

Ceylan. — Filons traversant des terrains chloriteux et micacés.

86. — Afrique du Sud. *Lydenberg.* — Veines aurifères remplissant des fissures ; il existe des filons aurifères de quartz et de conglomérats cristallins entre des couches d'argiles schisteuses, de grès et de schistes.

Vallée de Kaap. — Veines aurifères remplissant des fissures ; bancs de quartz et de quartzites aurifères presque verticaux, contenant parfois des sulfures, entre des couches de schistes et d'argiles schisteuses.

Witwatersrand. — L'or se trouve surtout dans des conglomérats quartzeux. Les bancs qui constituent le gisement principal sont séparés par des quartzites. Le conglomérat (*banket*) est formé de cailloux de quartz blanchâtres ou grisâtres, soudés ensemble par un ciment quartzeux, contenant du fer, dans lequel se trouve l'or ; parfois l'or existe dans un enduit qui recouvre les cailloux. Dans d'autres bancs, les morceaux de quartz sont de couleurs diverses. En profondeur, les oxydes métalliques font place aux sulfures. Une certaine quantité d'or se trouve à l'état de cristaux.

Les conglomérats sont plus récents que les schistes et les argiles schisteuses contenant des quartzites compactes — parfois aurifères — que l'on rencontre dans beaucoup de districts. Dans l'Ouest-Africain il existe des formations analogues à celles du Transvaal.

On rencontre des bancs aurifères dans des granites, des gneiss, des ardoises, etc.

Les bancs du Main Reef affleurent à Johannesburg. Le Bird Reef se trouve à un kilomètre environ plus au sud. Deux kilomètres plus loin, on rencontre le *Kimberley Reef*. A quatre kilomètres de là se trouvent les bancs d'*Elsburg*, au nombre de sept. Tous ces bancs sont interstratifiés avec des quartzites.

Au-delà, se trouvent des roches basaltiques, sur trois kilomètres, puis des quartzites, formant le *Black Reef*, qui est presque horizontal, tandis que les bancs précédents plongent vers le sud avec des inclinaisons variant de 40° à 80°, leur ligne de déclinaison allant du nord-est au sud-ouest.

Aux affleurements, les cailloux de quartz des conglomérats ne sont pas aussi fortement soudés entre eux qu'en profondeur ; leur surface, et le ciment qui les réunit, sont de couleur brun rougeâtre. En profondeur, le conglomérat est généralement grisâtre, et le ciment siliceux très dur qui réunit les cailloux contient de petits cristaux de pyrite de fer.

Manica et Mashonaland. — L'or existe dans des filons de quartz qui traversent des diorites, des schistes, des granites, etc. L'or se trouve parfois disséminé dans des diorites.

87. — **Amérique.** *Canada.* — Alluvions aurifères sur des schistes et des talcoschistes. Filons aurifères traversant des granites et des schistes, etc.

Les filons aurifères de l'Ontario se trouvent en général dans le huronien (précambrien). En certains points l'or se trouve disséminé dans des schistes, des porphyres, etc.

Nouvelle Écosse. — Filons aurifères quartzeux à travers des serpentines. Bancs aurifères en dos d'âne, rappelant ceux d'Australie, etc.

Colombie britannique. — Filons aurifères dans des diorites, entre des dykes et des diorites, etc.

Californie. — Les gisements d'alluvions aurifères sont très développés à la base de la Sierra Nevada; l'or se trouve aussi dans les lits de certains cours d'eau actuels ou anciens, dans du sable à magnétite, dans des filons traversant des granites, des gneiss et d'autres terrains métamorphiques, dans des fissures de la roche en place contenant des veines de quartz aurifère (fig. 1). Dans l'état de Placer les filons, ayant une direction est-ouest, et aussi une direction nord-sud, traversent des syénites et des ardoises métamorphiques. Dans l'état de Nevada certains filons vont du nord-ouest au sud-est, d'autres vont du nord-est au sud-ouest ; les terrains encaissants sont formés de granites, de roches vertes, d'ardoises; en

général, les filons traversent des schistes métamorphiques ou des roches vertes alternant avec des couches de
syénite.

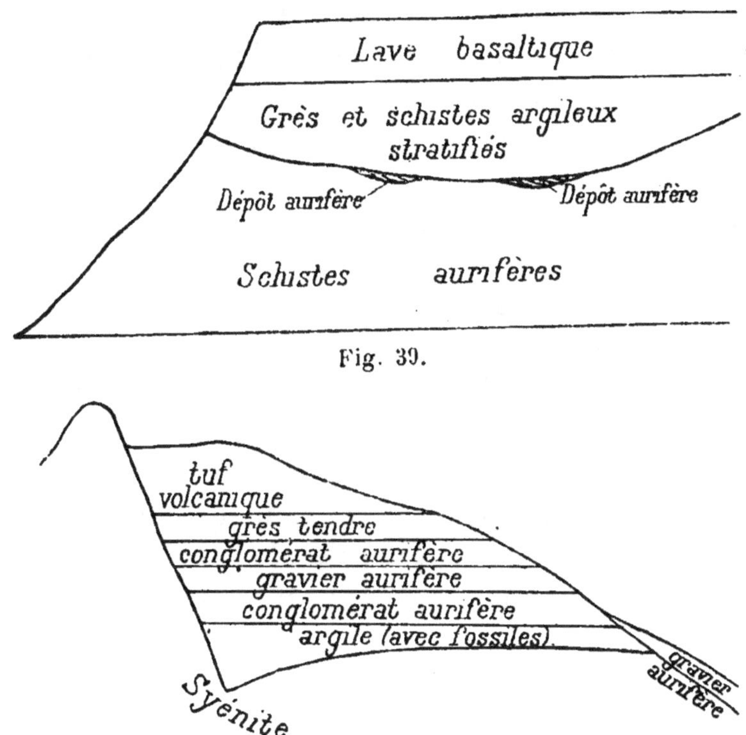

Fig. 39.

Fig. 40.

Dans la région des Montagnes Rocheuses (Colorado,
Montana, Dakota, Nouveau-Mexique, etc.), les placers et
les filons aurifères sont très nombreux. D'une façon générale les filons traversent des granites, des schistes et des
ardoises métamorphiques, des gneiss et des quartzites ;
l'or y est associé à de la pyrite de fer, de la galène, de la
blende, du minerai d'argent, etc. Il en est de même dans

d'autres gisements de l'Amérique du Nord. L'or se trouve parfois à l'état de tellurure (Colorado, etc.) ; à Boulder, il existe en filons dans des schistes micacés, dans du granite gneissique, etc., entre du granite et du porphyre. Il en est de même en Australie Occidentale, en Nouvelle-Zélande, en Transylvanie, en Hongrie, etc.

A Cripple Creek (Colorado), existent des filons aurifères traversant des andésites. A Telluride (Colorado), se trouvent des filons aurifères et argentifères qui traversent des rhyolites, des andésites augitiques, des brèches à andésite, etc.

A Silver Cliff, dans le Colorado (mine de Bassick), certaines portions du terrain sont entourées par des zones de sulfures divers, contenant de l'argent et de l'or. Il y a aussi des tellurures.

Dans l'Utah, il y a un district aurifère où l'or est associé à du cinabre, dans un filon qui traverse des calcaires.

Dans la Guyane anglaise, les terrains qui avoisinent certains dépôts d'alluvions aurifères sont surtout constitués par des granites, des syénites et des roches métamorphiques. Il existe des dykes éruptifs en quantité.

88. — Comme nous l'avons dit dans l'introduction de cet ouvrage, le prospecteur ne doit pas, dans ses explorations, se confiner nécessairement dans les limites d'un district particulier d'une contrée aurifère. Par exemple, dans l'Ouest-Australien, il existe de vastes étendues de terrain qu'il y aurait lieu d'explorer d'une façon systématique, tandis que jusqu'ici les districts aurifères se trouvent cantonnés dans le nord (Kimberley), dans le nord-est (Pilbarra et Ashburton), dans l'est (Murchison), et dans le sud (Yilgarn, Coolgardie, Dundas).

La Colombie anglaise offre également aux prospecteurs

un vaste champ d'exploration ; il en est de même d'un
grand nombre de régions encore inexplorées de l'Afrique, situées au sud de l'équateur. Les bancs aurifères du
Rand, si extraordinairement riches en métaux précieux,
ont une étendue considérable, et l'on peut encore découvrir dans d'autres régions de nouveaux conglomérats qui,
pour n'être pas la continuation des premiers, n'en
seraient peut-être pas moins riches. Quand on connaîtra

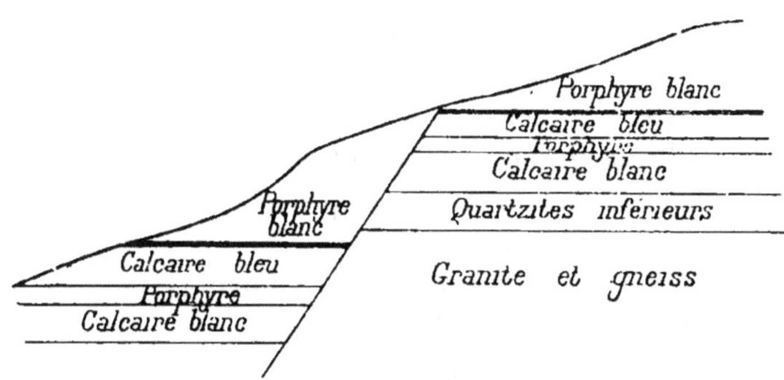

Fig. 41.

l'origine véritable de l'or dans les conglomérats — où
l'on rencontre parfois des cristaux d'or, — l'attention
sera attirée sur d'autres régions du globe où ont pu se
passer les mêmes phénomènes qui ont produit le dépôt
de l'or dans les conglomérats du sud de l'Afrique.
L'océan lui-même contient de l'or en dissolution — il
serait difficile de déterminer dans quelle proportion
moyenne —; et si la mer renfermait de l'or, dans les
époques anciennes, on ne saurait s'étonner de trouver
les gisements aurifères, exploitables aujourd'hui, dans
les endroits où, par exemple, il a pu se produire une
évaporation naturelle de l'eau salée, ou une précipitation

naturelle de l'or dans des conditions qui n'ont pas été nécessairement les mêmes que celles que nous réalisons dans nos laboratoires.

89. — L'or paraît être distribué un peu partout à la surface du globe ; le prospecteur doit avoir toujours l'œil ouvert, et rejeter l'idée que le meilleur indice d'une exploration fructueuse soit la rencontre de beaux échantillons d'or dans des filons, dans des morceaux de quartz ou dans des alluvions.

90. — Dans beaucoup de mines, où la main-d'œuvre et les autres conditions de l'exploitation sont à bon marché et où le minerai est abondant, quelques grammes d'or à la tonne suffisent pour rendre l'exploitation rémunératrice ; il faut remarquer d'ailleurs qu'un minerai qui contient jusqu'à près de 50 grammes d'or à la tonne présente en somme une proportion bien faible d'or comparée à la quantité de quartz (par exemple la valeur de sept à huit louis d'or pour un mètre cube de quartz). Il importe donc peu que l'or existe en parcelles visibles à l'œil nu, ou qu'il soit répandu à l'état de poudre fine dans toute la masse du minerai, pourvu qu'on puisse l'extraire par l'un des procédés en usage aujourd'hui, procédés qui vont aller d'ailleurs en se perfectionnant.

PLATINE

91. — Le platine se trouve à l'état natif, en grains ou en masses.

Couleur : gris blanchâtre ou gris foncé.

Traits de lime : gris blanchâtre ou gris foncé.

Eclat : métallique.

Dureté : 4 à 4,5.

Poids spécifique : 16 à 21.

Le platine est en général associé à l'iridium, à l'osmium, etc. Tout à fait infusible au chalumeau. Soluble dans l'eau régale (4 parties d'acide chlorhydrique et 1 partie d'acide azotique), en donnant une liqueur jaunâtre, qui devient d'un rouge brillant lorsqu'on y ajoute du protochlorure d'étain.

La densité élevée du platine permet de le séparer **au** *pan* du sable et du gravier, comme pour l'or et les autres métaux pesants.

Si l'on dissout le platine dans l'eau régale à l'ébullition, et qu'on ajoute à la liqueur filtrée du sel ammoniac, il se forme un précipité granuleux de couleur jaune brillant ou jaune rougeâtre. En chauffant ce précipité, ou obtient le métal à l'état de *mousse de platine*.

Le platine se trouve en faible quantité dans certains filons métallifères ; mais en général on le rencontre sous forme de grains, ordinairement aplatis, dans des alluvions aurifères, provenant probablement de l'érosion de roches cristallines.

PLOMB

92. — Les composés du plomb, chauffés au chalumeau sur du charbon avec du carbonate de soude, donnent un bouton métallique malléable, et une tache jaune d'oxyde de plomb.

Si l'on dissout cette tache dans l'acide azotique, l'addition d'acide sulfurique produit un précipité blanc de sulfate de plomb ; avec l'acide chlorhydrique, on obtient un précipité de chlorure de plomb. Mais comme d'autres chlorures peuvent se former en même temps, il faut, pour reconnaître le plomb, ajouter de l'ammoniaque, qui n'altère pas le chlorure de plomb.

93. — Galène. C'est le principal minerai de plomb.

Cristallisation : cristaux cubiques: avec clivages suivant les faces du cube ; cristaux octaédriques.

Eclat : métallique et brillant ; la surface peut être terne, mais la cassure est brillante.

Couleur : gris de plomb.

Traits de lime : gris de plomb.

Dureté : 2,5.

Poids spécifique : 7,5.

Composition : quand elle est pure, la galène contient 86,6 pour cent de plomb, le reste étant du soufre.

A moins d'être chauffée avec précaution, au chalumeau la galène décrépite, mais elle peut donner un globule de plomb. Elle est attaquée par l'acide azotique. On la distingue des minerais d'argent et des autres minerais par les essais au chalumeau et par les essais chimiques, de même que par sa propriété caractéristique de se cliver en cubes. La galène contient ordinairement une quantité notable d'argent ; on reconnaît la présence de l'argent en dissolvant le minerai dans de l'acide azotique et en plongeant dans la liqueur une lame de cuivre bien décapée, qui doit se recouvrir d'un enduit d'argent. Les minerais de galène doivent toujours être essayés avec soin pour l'argent, car ils sont parfois très riches. C'est une idée erronée de croire que les galènes à grains fins contiennent plus d'argent que les galènes à gros grains, bien qu'il en soit ainsi dans certaines régions. La galène se rencontre fréquemment dans les filons aurifères,

94. — **Cérusite,** *carbonate de plomb* (*white lead ore*). Se trouve souvent aux affleurements des filons de galène.

Compacte, terreuse, ou en masses fibreuses.

Cristallisation : prismatique, etc.

Cassure : brillante.

Éclat : vitreux ou adamantin ; la cérusite, quand elle est pure, est transparente ou translucide.

Couleur : blanc ou grisâtre (parfois avec une nuance bleuâtre), et souvent brun terne.

Traits de lime : incolores.

Dureté : 3 à 3,5.

Poids spécifiques : 6,5.

Composition : 75 pour 100 de plomb, le reste étant de l'acide carbonique, etc.

Au chalumeau, la cérusite donne un bouton de plomb.

Si on la dissout dans l'acide azotique et qu'on plonge dans la liqueur une lame de zinc bien propre, cette lame se recouvre de lamelles brillantes de plomb. La cérusite fait effervescence avec les acides. Les minerais de plomb carbonaté sont souvent accompagnés d'oxyde rouge à la surface, notamment à Leadville (Colorado). Les échantillons de carbonate doivent toujours être essayés pour le chlorure ou le chloro-bromure d'argent qu'ils peuvent contenir.

95. — **Pyromorphite.** Couleur grisâtre, parfois vert gazon brillant (les cristaux hexagonaux ont un éclat graisseux) ; jaunâtre, brunâtre, et parfois violet terne.

Traits de lime : blanchâtres ou jaunâtres.

Éclat : plus ou moins résineux ; généralement translucide.

Dureté : 3,5 à 4.

Poids spécifique : 6,5 à 7.

Contient 78 pour 100 de plomb, du phosphore, etc. Chauffée sur du charbon au chalumeau, la pyromorphite donne un globule qui cristallise par refroidissement, et le charbon. se recouvre d'une tache jaune d'oxyde de plomb. Avec le carbonate de soude, à la flamme réductrice, on obtient un bouton de plomb.

Soluble dans l'acide azotique.

96. — Chromate de plomb. Minéral jaunâtre contenant du protoxyde de plomb et de l'acide chromique. Noircit au chalumeau en produisant une scorie contenant des grains de plomb brillants. Donne une dissolution jaune avec l'acide azotique.

97. — Anglésite, *sulfate de plomb.* Minéral blanc, gris, verdâtre ou bleuâtre, translucide ou opaque, ayant un éclat adamantin. Contient du protoxyde de plomb et de l'acide sulfurique. L'anglésite ressemble assez à la cérusite, mais elle est plus tendre et ne fait pas effervescence avec les acides.

98. — La galène, généralement associée à d'autres métaux, est le principal et le meilleur minerai de plomb ; elle est souvent très riche en argent. On la trouve dans des terrains d'âges divers, en filons, en poches, en couches, etc.

Le carbonifère et les calcaires des montagnes de l'Angleterre fournissent la plus grand partie du minerai de plomb, qui est exploité aussi dans les *killas* (ardoises ou schistes) de Cornouailles, qui appartiennent au dévonien.

La galène existe aussi dans le silurien inférieur, dans des granites, dans des gneiss, etc., en Grande-Bretagne et dans d'autres pays.

Les dépôts de carbonate de plomb de Leadville, dans le Colorado, célèbres par leur richesse en argent, sont compris entre du calcaire bleu et du porphyre (fig. 41).

La galène se trouve associée généralement avec du quartz, de la calcite, de la fluorine, parfois avec de la barytine, de la pyrite de fer ou de cuivre, etc. (Pour les essais de galène, voir au chapitre IX).

Si l'on chauffe de la galène pulvérisée dans une cuiller en fer, on peut obtenir du plomb métallique. On doit élever d'abord progressivement la température, jusqu'à ce qu'il n'y ait plus de crépitation ; il suffit ensuite de chauffer au rouge.

Voici un procédé très simple à l'usage des prospecteurs, qui permet d'obtenir un lingot de plomb, mais qui ne permet pas d'extraire du minerai la totalité du métal. On dresse un foyer formé de pierres grossièrement assemblées ; on place sur le fond des bûches de bois, on dispose par-dessus du menu bois ; on place sur ce bois le minerai concassé, et on recouvre le tout de bois. On met le feu à l'entrée du foyer, et on creuse une cuvette pour y faire couler le plomb fondu.

URANIUM

99. — L'uranium dans un minéral se reconnaît à l'essai au chalumeau avec du sel de phosphore. A la flamme réductrice on obtient un bouton d'une belle couleur verte à froid ; à la flamme oxydante, le bouton est vert jaunâtre.

Le principal minerai d'uranium est l'oxyde, **urani-nite**, *pechurane (pitchblende)*.

Couleur : noirâtre, ayant parfois l'aspect de la poix; brun, etc.

Traits de lime : noirs, avec un éclat légèrement métallique.

Dureté : 5,5.

Poids spécifique : 6,4.

Contient environ 80 pour 100 d'oxyde d'uranium.

L'ocre d'uranium, qui accompagne souvent l'oxyde, est jaunâtre. Le *phosphate* est jaune ou verdâtre.

ZINC

100. — On reconnaît la présence du zinc dans les minéraux en les chauffant au chalumeau avec du carbonate de soude sur du charbon de bois ; il se forme sur le charbon une tache, brillante quand on la chauffe fortement, jaune à chaud, blanche à froid. En humectant cette tache avec de l'azotate de cobalt, et en chauffant, on obtient une belle coloration verte. A la flamme réductrice, on n'obtient pas de zinc métallique.

101. — **Smithsonite**, *carbonate de zinc*, *calamine* des mineurs.

C'est le principal minerai de zinc. En masses, en stalactites; pas tout à fait transparente.

Couleur : la calamine pure est blanc perlé ; mais, par suite de la présence d'oxyde de fer, etc., elle est généralement brunâtre, parfois verte.

Traits de lime : blanchâtres.

Éclat : perlé ou vitreux.

Cassure : 5.

Poids spécifique : 3,3 à 3,5.

Quand elle est pure, la calamine contient 52 pour 100 de zinc ; en général, elle contient de l'oxyde de fer, des carbonates de chaux et de magnésie, etc.

La calamine, seule, est infusible au chalumeau.

Comme tous les carbonates, elle fait effervescence avec les acides. Elle ressemble parfois à la calcite.

102. — **Blende**, *sulfure de zinc*, (*zinc blende*, appelée vulgairement *Black Jack* par les mineurs anglais).

En masses, ou en fibres. Cristallise en octaèdres et en dodécaèdres.

Couleur : la blende pure est jaune et transparente ; mais le plus souvent elle est brun rougeâtre, rouge grenat ou noirâtre, et translucide.

Traits de lime : blancs ou brun rougeâtre.

Éclat : cireux.

Dureté : 3,5 à 4.

Poids spécifique : 4.

Certains échantillons de blende peuvent s'électriser.

La blende contient environ 67 pour 100 de zinc, le reste étant du soufre, etc.

Chauffés au chalumeau sans l'addition de fondants, les fragments de blende fondent seulement sur les bords. La blende est soluble dans l'acide azotique, dans l'acide chlorhydrique et dans l'acide citrique.

Grillée dans un tube de verre, elle laisse un résidu de sulfate de zinc (vitriol blanc). La blende se rencontre avec les pyrites de fer et de cuivre, les minerais d'argent, etc.

103. — **Calamine** (1), *silicate de zinc* (*zinc glance*).

Couleur : blanchâtre, bleu, brun, vert. Pas tout à fait transparente.

Traits de lime : blanchâtres.

Éclat : perlé ou vitreux.

Dureté : 4,5 à 5.

Poids spécifique : 3,3 à 3,5.

Contient environ 53 pour 100 de zinc.

Au chalumeau, le silicate de zinc donne de l'écume, et produit une lueur phosphorescente ; il est fusible. Avec le borax, il donne une perle claire. Chauffé avec l'acide sulfurique, il se dissout en donnant une liqueur qui devient gélatineuse à froid ; il en est de même avec l'acide citrique.

104. — **Zincite**, (*red zinc ore*). Granuleux, ou en masses compactes.

Clivage : en lames minces, à peu près comme le mica.

Couleur : rouge brillant.

Traits de lime : jaune orange.

Éclat : brillant.

Pas tout à fait transparent.

Dureté : 4 à 4,5.

Poids spécifique : 5,4 à 5,6.

Contient environ 80 pour 100 de zinc.

Infusible, seul, au chalumeau. Avec le borax, donne une perle jaune transparente. Soluble dans l'acide azotique, ou dans l'acide citrique à l'ébullition.

105. — Le principal minerai de zinc, la calamine (car-

(1) Les mineurs appellent calamine, non pas le silicate de zinc, mais le carbonate, que les minéralogistes nomment smithsonite.

J. R.

bonate), se trouve en filons, en couches, en poches, généralement dans les calcaires dévoniens, carbonifères ou oolithiques. La blende se trouve dans des calcaires en Grande-Bretagne et ailleurs ; elle est souvent associée à plusieurs métaux dans un filon.

En Cornouailles, il y a un dicton : « Black Jack (Jacques le Noir) monte un bon cheval », qui signifie qu'un filon dont l'affleurement présente de la blende contient probablement du cuivre en profondeur.

CHAPITRE VI

MINÉRAUX ET MINERAIS UTILES (*suite*).

Graphite. — **Charbon de terre : anthracite ; houille ; lignite.
— Bitume : asphalte ; naphte ; pétrole. — Alun. — Amiante.
— Apatite ; phosphate de chaux. – Azotate de soude. —
Barytine. — Borax. — Carbonate de chaux — Fluorine. —
Gypse. — Nitre. – Sel. Pierres précieuses ; diamant. —
Tableau des caractères de diverses pierres précieuses.**

1. — Graphite (*black lead*).

Eclat : métallique.

Couleur : gris d'acier foncé.

Traits de lime : noirs et brillants.

Dureté : 1 à 2.

Poids spécifique : 2,1.

Gras au toucher. Tache le papier sur lequel on le frotte.
Contient environ 90 pour 100 de carbone, le reste étant
du fer, de la chaux, etc. Infusible au chalumeau et insoluble dans les acides. En Angleterre, à Cumberland, on

trouve des couches de graphite dans des ardoises alternant avec des « trappean rocks » (1).

A Ceylan, le graphite se trouve dans les couches supérieures du dévonien ; en Amérique, aux Etats-Unis, dans
des gneiss.

Le graphite est employé dans la fabrication des crayons
à la mine de plomb, des creusets, etc.

2. — **Charbon de terre.** La houille se trouve généralement en couches ou en tranches séparées les unes
des autres par des lits de schistes argileux, de grès, d'argiles, dans le terrain houiller, qui est une division du
carbonifère. Les principales variétés de charbon de terre
sont : l'anthracite, la houille bitumineuse, le lignite.

3. — *Anthracite.* Charbon noir, brillant, à arêtes
vives et à cassure conchoïdale. Traits de lime noirs. Ne
tache pas les doigts. Ne s'allume pas facilement, mais
une fois allumé dégage beaucoup de chaleur en donnant
peu de fumée. Contient 90 à 95 pour 100 de carbone.

4. — *Houille bitumeuse.* A un aspect de cire plus
prononcé que l'anthracite. Couleur noire. Traits de lime
noirâtres. Le poids spécifique ne dépasse pas 1,5.
Variétés : houille poisseuse ou collante, houille esquilleuse, cannel coal (houille très compacte à cassure conchoïdale, pouvant recevoir un beau poli, sonore sous le
marteau), cherry coal (houille cerise), jais plus noir et
plus brillant que le cannel coal. Contient 73 à 90 pour 100
de carbone.

____

(1) Les « trappean rocks » sont des roches disposées en terrasses.

5. — *Lignite* (*brown coal*).
Couleur : brun ou noirâtre.
Eclat : résineux, parfois terne.
Contient 50 à 90 pour 100 de carbone.

6. — En Angleterre et dans beaucoup d'autres pays le terrain carbonifère contient de grands gisements de houille. Ce minéral si utile se trouve aussi dans d'autres terrains ; ainsi, en Nouvelle-Zélande, on trouve du lignite dans des terrains aussi récents que le jurassique ou le crétacé ; en différents endroits de l'Amérique du Nord, on rencontre des couches de lignite dans le tertiaire et le crétacé, etc. Dans l'Inde et dans l'état de Virginie (Amérique du Nord), l'oolithique contient de la houille.

7. — **Bitume**. Se trouve à la fois à l'état solide et à l'état liquide. Inflammable ; odeur caractéristique. Variétés :

8. — *Asphalte*. Minéral solide, noir ou brunâtre. Cassure conchoïdale, avec éclat vitreux. Dureté : 2. L'asphalte pure flotte sur l'eau. Dans l'île de la Trinité, il y a un lac d'asphalte de trois kilomètres de tour ; cette asphalte est solide près des bords, mais liquide au centre. On trouve de l'asphalte dans le calcaire montagneux du Derbyshire et du Shropshire, et dans du granite, avec du quartz et de la fluorine, en Cornouailles.

9. — *Naphte* (*huile minérale*).
Liquide de couleur jaunâtre. Odeur caractéristique. Flotte sur l'eau.

10. — *Pétrole*. Liquide plus foncé que le naphte, parfois noir.

Le naphte et le pétrole contiennent environ 84 à 88 pour 100 de carbone, le reste étant de l'hydrogène. L'asphalte, en plus du carbone et de l'hydrogène, contient de l'oxygène et une petite quantité d'azote. On trouve des couches de pétrole dans les terrains tertiaires en Californie ; dans le crétacé, dans le Colorado et dans d'autres états de l'ouest ; dans le trias, dans la Caroline du nord ; dans le houiller, dans la Virginie Occidentale ; dans le Kentucky, on en trouve à la base du calcaire carbonifère. Les couches de pétrole de l'ouest de la Pennsylvanie appartiennent au dévonien. Les crêtes des anticlinaux sont, paraît-il, plus favorables à la présence du pétrole que les synclinaux (voir chapitre II, § 4).

11. — Alun (*sulfate hydraté de potasse et d'alumine*).
Saveur astringente, douceâtre, bien connue.
Dureté : 2 à 2,5.
Poids spécifique : 1,8.
Soluble dans son poids d'eau bouillante. Se trouve dans des schistes argileux.

12. — Amiante (*asbeste*).
Ordinairement fibreuse, avec un aspect soyeux. On en fait des objets incombustibles. C'est un silicate de fer, de chaux, de magnésie, etc. Certaines serpentines sont fibreuses et ressemblent à l'amiante.

13. — Apatite. C'est un minéral très riche en phosphate de chaux, que l'on emploie comme engrais après un traitement convenable.
Clivage : peu marqué.
Couleur : blanc, gris, verdâtre, etc.

Traits de lime : blancs.
Transparent, transluscide ou opaque.
Dureté : 4,5 à 5.
Poids spécifique : 2,9 à 3.
Certaines variétés d'apatite deviennent phosphorescentes quand on les chauffe. Au chalumeau, l'apatite fond difficilement sur les bords. Elle se dissout lentement dans l'acide azotique, sans effervescence. Il existe au Canada d'immenses gisements d'apatite, dans le calcaire laurentien.

14. — Phosphate de chaux. En plus de l'apatite, il existe des gisements de phosphate de chaux dans beaucoup de pays, tels que l'Angleterre, la France, la Russie, dans les sables verts et le gault; les nodules de phosphate contiennent souvent des coquilles fossiles, des ossements, etc. Le phosphate de chaux se trouve également dans les terrains tertiaires, et dans des cavités du calcaire.

15. — Azotate de soude. Couleurs diverses. Se trouve à l'état d'efflorescences, et sous forme de croûtes. Soluble dans l'eau. Quand on le chauffe, il devient déliquescent et brûle avec une flamme jaune. Il se distingue du nitre en ce qu'il devient déliquescent quand il est exposé à l'air. Il se trouve dans les dépôts de surface, et sous un conglomérat contenant du feldspath, des phosphates, etc. Il est fréquemment associé avec du sel ou du gypse. On en extrait d'énormes quantités du Chili.

16. — Barytine (*sulfate de baryte, heavy spar*).
Compacte, granuleuse, etc., de couleur blanche. Un

peu plus dure que le sel gemme, et moins dure que la calcite. Poids spécifique : 4,3 à 4,8. Formée d'acide sulfurique et de baryte (oxyde de barium). Se trouve en couches dans le cambrien et le silurien, dans le calcaire carbonifère, etc. La barytine pulvérisée s'emploie comme peinture.

17. — Borax (*borate de soude*).

Minéral blanc, opaque, à éclat vitreux, à cassure conchoïdale, ayant une saveur alcaline douceâtre. Au chalumeau, il se boursoufle et devient opaque, mais pour donner ensuite une perle transparente. Les gisements de borax se trouvent dans des lacs en Toscane, dans le Népaul (Inde), et dans diverses régions de l'Amérique.

18. — Carbonate de chaux (voir au chapitre suivant : *gangues*).

Le carbonate de chaux se trouve parfois à l'état de gangue dans les filons ; mais il existe en grande quantité dans beaucoup de régions, où il forme des gisements considérables.

Variétés : craie, calcaire oolithique, calcaire compacte, calcaire granuleux (marbre), etc.

Le carbonate de chaux fait effervescence dans les acides, ce qui le distingue des silicates. Il sert comme fondant pour la réduction des minerais métalliques siliceux, etc.

19. — Fluorine (*fluor spar*) (voir au chapitre suivant : *gangues*).

Existe à l'état de gangue dans des filons traversant des gneiss, des schistes argileux ; se trouve aussi en grande quantité dans le calcaire carbonifère. S'emploie comme fondant pour la réduction des minerais.

20. — **Gypse** (*albâtre, alabaster*). — Cristallisation : cristaux dérivés du prisme droit à base rhombe.

Couleur : blanc, gris, noir, etc.

Le gypse pur est clair et transparent, avec un éclat perlé. Quant à la dureté, beaucoup de variétés se laissent rayer à l'ongle. Poids spécifique : 2, 3. Le gypse est un sulfate de chaux hydraté. Au chalumeau, il devient blanc et opaque, et se réduit facilement en fragments. Toutes les variétés, quand on les chauffe, quand on les pulvérise et quand on les gâche avec de l'eau, durcissent en séchant (plâtre). Le gypse (qui sert à la fabrication du plâtre de Paris) se trouve dans les terrains tertiaires, et dans certains terrains aussi anciens que le silurien. Les couches de gypse alternent souvent avec des couches de sel gemme, comme dans le Cheshire. Le gypse ne fait pas effervescence avec les acides, ce qui le distingue du calcaire et des carbonates en général.

21. — **Nitre** (*salpêtre*). — Se trouve généralement sous forme d'efflorescences sur le sol. Soluble dans l'eau. Projeté sur des charbons ardents, le nitre donne lieu à une vive combustion. Il est formé de potasse et d'acide azotique.

22. — **Sel marin**. (*chlorure de sodium*). — Couleur : blanc ou grisâtre, parfois rouge rosé. Pétille quand on le chauffe. Saveur salée caractéristique.

On trouve des couches de sel dans des terrains d'âges divers ; il est parfois associé à du gypse, à de la magnésie, à de la soude, etc.

PIERRES PRÉCIEUSES

23. — Les pierres précieuses appartiennent pour la plupart à des terrains granitiques gneissiques, porphyriques, etc., et se trouvent généralement dans les débris provenant de ces terrains. Certains terrains diamantifères sont d'âge relativement récent; mais ils sont tous formés de matériaux provenant de terrains anciens.

Le corindon, le saphir et le rubis se trouvent dans des gneiss, des granites, des schistes micacés, des chlorito-schistes, des dolomies ou des calcaires granuleux.

A Ceylan on recherche les pierres précieuses dans les lits des rivières, et dans un dépôt de graviers, qui se trouve en général à des profondeurs de trois à dix mètres. Ce dépôt, appelé *Nellan*, est formé de cailloux roulés, associés à des fragments de granite, de gneiss, etc. Les pierres précieuses sont dans des poches ou dans des amas.

On trouve aussi des rubis dans la dolomie.

Les rubis de Burmah se trouvent dans des dépôts d'alluvions, formés de débris de gneiss, dans des lits de rivières, dans des calcaires, etc.

Les émeraudes se rencontrent dans des veines qui traversent des micaschistes et des schistes argileux, dans du calcaire noir, dans des cavités du granite. On a trouvé de l'opale dans du porphyre et dans du grès.

On trouve des émeraudes dans des roches métamorphiques, dans des schistes argileux, associées à de la calcite, etc. ; en Australie, les émeraudes sont associées à des cristaux de cassitérite, de topaze, de fluorine, dans du kaolin ou du granite décomposé (1).

Les turquoises de Perse se trouvent dans un porphyre trachytique ; celles de Silésie et de Saxe, dans des schistes argileux ; celles du Nouveau-Mexique, dans des trachytes. On trouve aussi des turquoises dans les schistes argileux de l'Arizona et du Nevada.

Les topazes se rencontrent dans des roches talqueuses, des gneiss, des granites, etc.

Les diamants proviennent en général de dépôts d'alluvions, souvent de mines d'or. Certains districts de l'Inde contiennent un conglomérat diamantifère formé de cailloux arrondis soudés les uns aux autres, qui s'étend entre une couche de graviers, de sable et de marne au-dessus, et une couche d'argile noire épaisse et de vase au-dessous. On en trouve aussi dans un grès flexible en Amérique, dans l'Inde, etc. Dans la région nord-ouest de l Ouest-Australien il existe un conglomérat diamantifère.

Au Brésil le diamant se trouve dans un conglomérat de quartz blanc, de cailloux et de sable clair contenant parfois du quartz jaune et bleu et du sable ferrugineux. Dans le sud de l'Afrique les alluvions diamantifères se composent surtout de nodules de granite, de basalte, de grès, etc., et contiennent des grenats, du jaspe, des agates, avec des cailloux (portant des raies en forme d'anneaux parallèles) dont le poids spécifique est le même que celui du diamant, etc. Il en est de même aux Indes Orientales, etc. Les diamants sont souvent associés

(1) Dans la Caroline du Nord (Etats-Unis), les émeraudes se trouvent dans un filon de quartz et de feldspath, encaissé dans des micaschistes.

dans les gisements de rivières à des topazes, des grenats,
du zircon, du rubis spinelle, de l'or natif, de la cassitérite, etc.

Dans la mine de Kimberley, qui présente à peu près
les mêmes conditions que toutes les mines de la région,
la roche diamantifère forme un *tuyau* ou une *cheminée*,
qui est entourée de terrains dont il diffère totalement.
Le terrain encaissant est formé de sable rouge à la surface, qui recouvre une couche de tuf (1) calcaire ; puis

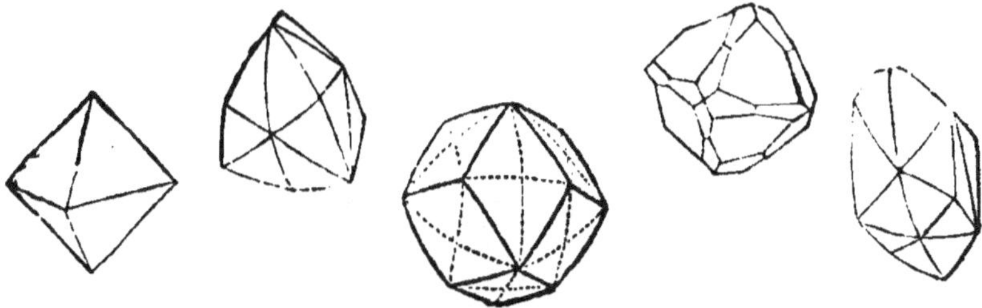

Fig. 42, 43, 44, 45 et 46.

vient un schiste argileux jaune d'abord, noir ensuite ;
au-dessous se trouve une roche ignée dure. La roche
diamantifère se compose de *roche jaune* (qui est de la
terre bleue décomposée), relativement friable, qui sur-
monte la *roche bleue* (conglomérat magnésien hydraté),
que l'on doit faire sauter à la dynamite. La roche bleue
est d'une couleur qui va du gris bleuâtre foncé au gris
verdâtre, et paraît plus ou moins grasse au toucher.
Elle contient des fragments de diverses espèces de
roches, telles que des serpentines, des quartzites, des

____

(1) Un tuf est formé de cendres ou d'autres matériaux volcaniques, formant un ensemble plus ou moins compacte.

micaschistes, des chloritoschistes, des gneiss, des granites, etc. Toute cette roche bleue a subi certainement l'action de la chaleur. Les pierres précieuses se trouvent dans le ciment qui réunit ces roches, et non dans ces roches elles-mêmes (1).

On trouve également des diamants en Russie, en Amérique, en différents points de l'Australie, en Nouvelle-Zélande, à Bornéo, etc. Partout, la méthode de

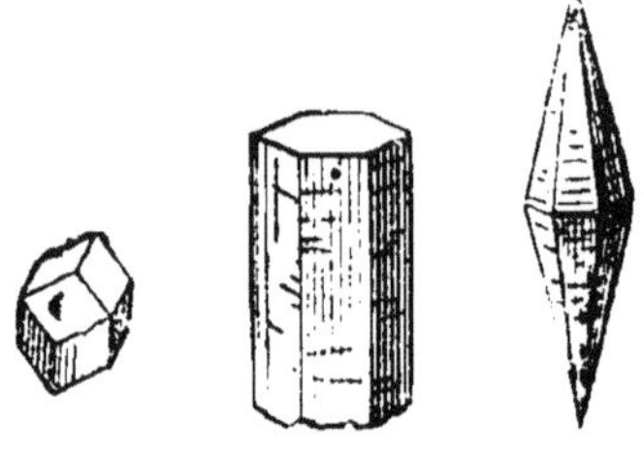

Fig. 47, 48 et 49.

recherche du diamant est la même. On enlève les roches les plus grosses, on tamise le gravier, et les cailloux, séparés du sable, sont facilement nettoyés et examinés.

24. — Le diamant, le rubis spinelle et le grenat ne se présentent jamais sous forme de prismes à six pans ; on peut ainsi les distinguer de plusieurs cristaux moins rares. L'émeraude, le saphir, le zircon ne se trouvent pas sous forme de cubes, d'octaèdres ou de dodécaèdres rhombiques. A l'exception du diamant, qui est du carbone pur, les pierres précieuses peuvent se diviser en deux catégories : celles qui sont à base d'alumine, et

(1) Les grenats sont très nombreux dans la *roche bleue* ; on y trouve également des grains de charbon noir, de la magnétite, de la kyanite (bleue), et un minéral vert tendre.

celles qui sont à base de silice. Le saphir, le rubis, l'émeraude, etc., appartiennent à la première catégorie ; l'améthyste, l'opale, l'œil-de-chat, l'agate, etc., sont de la seconde espèce.

25. — Il n'y a pas de règle fixe pour apprécier la valeur d'un diamant non taillé, car le prix du diamant est sujet à des fluctuations. La dureté et l'éclat sont les caractères les meilleurs pour reconnaître le diamant. Le

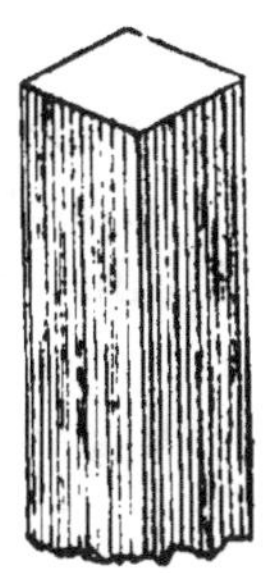

Fig. 50 et 51.

diamant raye tous les autres minéraux ; mais il faut prendre garde, en faisant cet essai, de ne pas briser les angles du cristal, car le diamant, malgré sa dureté, est assez fragile.

26. — La topaze se distingue parfois des minéraux qui lui ressemblent par son clivage parfait ; elle se reconnaît aussi, quand elle est cristallisée, en ce que ses faces portent des stries parallèles aux arêtes du prisme, tandis que sur les cristaux de quartz ces stries sont perpendiculaires à ces arêtes.

27. — Le béryl, l'aigue-marine (légèrement bleuâtre ou verdâtre) et l'émeraude diffèrent seulement par leur coloration ; leur clivage est imparfait. Le saphir bleu,

le rubis oriental, l'améthyste orientale, l'émeraude orientale sont de l'alumine pure colorée par des oxydes métalliques. Le cristal de roche est du quartz incolore pur. L'améthyste (violette ou pourpre), le quartz fumeux le « cairngorn », le quartz rose sont de la silice transparente, avec des teintes diverses, qui leur donnent des reflets particuliers.

28. — Les grenats — opaques, translucides ou transparents — sont souvent très nombreux dans les micaschistes, et, si l'on examine les ravins et les lits des rivières qui traversent des terrains rocheux, on recueillera souvent, même à pleine main, des grenats qui seront souvent réunis ensemble et séparés du sable et des autres gangues. On trouve également, près de l'embouchure d'un fleuve dans un lac, de petits grenats rose-œillet ou bruns. Les grenats, à part ceux qui sont d'une bonne grosseur et d'une belle coloration, ont une valeur médiocre ou nulle ; néanmoins leur présence, aux endroits indiqués plus haut, peut servir aux prospecteurs, qui devront examiner les roches au point de vue des minéraux de plus grande valeur, tels que le diamant ou d'autres pierres précieuses, ou des minéraux de densité supérieure à celle des éléments constitutifs de la roche, bien que le poids spécifique du grenat soit seulement de 3 à 4. Les grenats roulés par les eaux sont souvent presque sphériques.

29. — Le tableau du paragraphe 33 indique certaines propriétés caractéristiques des pierres précieuses, telles que la dureté et le poids spécifique, dont la connaissance peut être utile aux prospecteurs. Il n'est pas toujours facile, surtout lorsque l'échantillon ne présente pas de cristallisation apparente, de distinguer, même en tenant

compte de la dureté, une pierre précieuse d'une autre
qui lui ressemble, mais qui peut avoir une valeur beaucoup moindre ou supérieure. Dans le doute, on peut souvent trancher la question en se servant du *dichroïscope*,
qui est un instrument très commode de 5 centimètres de
long sur 2 centimètres 1/2 de diamètre, pour peu que
l'on ait quelque habitude des différentes sortes de pierres

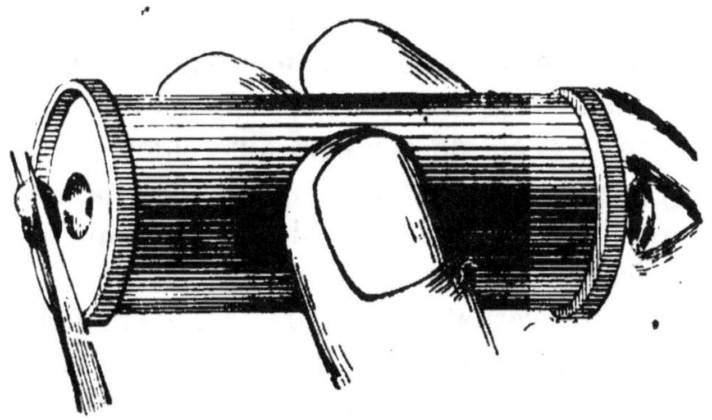

Fig. 52.

translucides ou transparentes, de leurs couleurs et de
leurs nuances diverses. L'examen préalable de quelques
minéraux, tels que des saphirs, des rubis, des rubis spi-
nelles, des grenats, des topazes, des tourmalines (vertes,
brunes, rouges). des zircons de diverses couleurs, des
cristaux d'andalousite, de saphir d'eau, de quartz coloré
(y compris l'améthyste), etc., donnera au prospecteur
une sûreté d'appréciation beaucoup plus grande que celle
qu'il pourrait acquérir en lisant des tableaux de dichroïsme, car le dichroïsme des pierres précieuses dépend beaucoup de l'intensité ou de la nuance de leur
couleur.

Pour se servir du dichroïscope, on place, au moyen d'une pincette, le minéral, translucide ou transparent, contre le fond de l'instrument, où l'on aperçoit deux images carrées quand on y regarde en le tenant en l'air (fig. 52) ; on présente le minéral suivant diverses directions, et on tourne en même temps l'instrument, en observant si les deux carrés paraissent de même couleur. Si le minéral est amorphe, comme le verre, le cristal de roche, l'obsidienne, etc., ou s'il est cristallisé dans le système cubique, comme le diamant (1), le rubis spinelle, le grenat, etc., les deux carrés sont de même couleur. Sinon ils sont de couleurs différentes quand on examine la pierre suivant certaines directions, la couleur pouvant être la même pour les deux carrés quand on regarde la pierre suivant d'autres directions.

30. — Le rubis véritable, qui présente deux nuances de couleur d'œillet, peut se distinguer du rubis spinelle ou du grenat, sans avoir recours au dichroïsme ; il se distingue aussi de la tourmaline rose d'œillet (rubellite) qui donne aussi deux colorations, mais un peu différentes de celles du rubis. Le saphir, qui donne un carré bleu et un carré clair sans aucune nuance de bleu — les saphirs à teintes foncées présentent pourtant parfois une coloration qui se rapproche du bleu verdâtre — peut se distinguer de l'améthyste, qui donne deux nuances de pourpre, du spinelle bleu, qui ne présente pas de double coloration, de l'iolite (saphir d'eau), dont la coloration est particulière.

La tourmaline verte ou brune, qui est souvent associée

(1) Les pierres précieuses incolores ne donnent jamais deux couleurs différentes, ce qui permet de reconnaître le diamant coloré.

à d'autres pierres précieuses, notamment à Ceylan, se reconnaît immédiatement — souvent elle se reconnaît sans se servir du dichroïscope — à la coloration très sombre d'un carré comparée à celle de l'autre.

L'émeraude présente deux nuances distinctes de vert, dont l'une tire sur le bleu, qui se reconnaissent facilement ; ces nuances de vert sont tout à fait différentes de celles que donne la tourmaline verte. L'émeraude ne peut donc pas être confondue avec le grenat vert, qui ne présente pas de double coloration.

31. — Un dichroïscope, deux ou trois minéraux — par exemple un saphir, une topaze et un cristal de roche — pour servir de termes de comparaison dans l'appréciation de la dureté des échantillons, un peu de pratique — plus on en a mieux cela vaut — et des notions élémentaires sur la cristallisation des minéraux, qui présentent assez souvent des traces de leurs arêtes primitives, bien qu'ils soient fréquemment usés par l'action des eaux, sont d'un grand secours au prospecteur dans l'examen de ses échantillons.

32. — Il arrive souvent que ni la dureté d'une pierre précieuse, ni son aspect au dichroïscope ne permettent de la reconnaître. Dans ce cas son poids spécifique peut trancher la question ; mais il faut avouer que la détermination de la densité exige une balance précise comme n'en peut avoir un prospecteur ; aussi doit-on parfois avoir recours à un expert.

33. — Parmi les diverses sortes de pierres transparentes ou translucides, il n'y en a qu'un petit nombre qui aient de la valeur ; aussi convient-il de savoir les propriétés de ces pierres au dichroïscope, avec leurs couleurs et leurs nuances.

TABLEAU DES CARACTÈRES DE DIVERSES PIERRES.

NOM DE LA PIERRE	COULEUR, ETC.	POIDS SPÉCIFIQUE	DURETÉ (1)	CRISTALLISATION
Diamant.	Blanc ou incolore, avec l'aspect de la gomme arabique, parfois rouge jaune, gris de souris, verdâtre, etc. Éclat adamantin; reflets brillants. Le *boart* est une variété impure de diamant, et le *carbonado* est du diamant noir. Pas de dichroïsme.	3,5	10	Octaèdres, dodécaèdres; les faces sont parfois courbes (fig. 42-45). Le diamant existe aussi en lamelles, en cristaux doubles, etc.
Variétés de corindon : Rubis oriental. Topaze orientale. Saphir oriental. Émeraude orientale. Améthyste orientale.	Rougeâtre. Jaunâtre. Bleuâtre. Verdâtre. Pourpre. Dichroïsme.	3,9 à 4,2	9 (par conséquent supérieure à la topaze et voisine du diamant).	Prismes ou pyramides hexagonaux à six pans. Les cristaux roulés présentent souvent des traces de leurs anciennes faces.
Topaze.	Généralement jaunâtre, mais présentant aussi d'autres teintes. Dichroïsme.	3,53	8	Cristaux orthorhombiques, présentant des stries parallèles aux longues arêtes du

	Couleurs diverses.	3,8	8	...taux octaédriques en général.
Spinelle, (rubis spinelle.)	Pas de dichroïsme.	3,8	8	...taux octaédriques en général.
Œil-de-chat, (variété de chrysobéryl.)	Gris verdâtre et transparent. Quand il est poli, il présente de beaux reflets intérieurs, comme un œil de chat.	3 à 3,8	8,5 (plus dur que la topaze.)	Les cristaux de chrysobéryl appartiennent au système orthorhombique.
Émeraude, (béryl).	Vert. L'aigue-marine est parfois incolore ou d'une teinte bleu verdâtre. Dichroïsme.	2,7	7,5 à 8	Système hexagonal généralement en cristaux allongés à six pans, présentant souvent des stries parallèles aux longues arêtes.
Améthyste, (quartz coloré.)	Généralement bleuâtre ou pourpre. Dichroïsme.	2,66	7	Prismes hexagonaux, terminés souvent par des pyramides.
Turquoise.	Bleu verdâtre.	2,6 à 3	6	Sous forme de rognons, de stalactites, d'incrustations.
Grenat, (escarboucle, alamandine, pyrope, etc.)	Généralement rougeâtre ou brun rougeâtre ; mais présentant ainsi diverses couleurs, y compris le vert. La pierre de cinnamome, appelée parfois jacinthe, est jaune. Pas de dichroïsme.	3,5 à 4,2	6,5 à 7,8	Système cubique, cristaux généralement dodécaédriques.
Iolite, (saphir d'eau).	Bleuâtre, ou d'aspect vitreux. Dichroïsme.	2,63	7,3	Système orthorhombique.
Opale.	Blanc laiteux, présentant parfois des nuances jaunes ou rouges, etc.	2 à 2,3	5,5 à 6,5	Non cristallisée.

(1) Pour apprécier la dureté d'une pierre de très petites dimensions, on peut la placer dans un creux à l'extrémité d'une canne et appuyer sur cette canne.

La tourmaline (couleurs diverses, dureté 7,5) est très dichroïque.

Le péridot est une variété d'olivine jaune verdâtre La chrysolite, variété jaune ou jaune verdâtre, est plus tendre que le quartz.

Le zircon présente diverses couleurs. Poids spécifique : 4,7; c'est la plus dense des pierres précieuses. Dureté; 7,5. Cristaux quadratiques.

La pierre de lune, la pierre de soleil (à reflets intérieurs) et l'adulaire sont des variétés de feldspath.

Le lapis-lazuli est une pierre bleue presque opaque. Dureté : 5,2.

Le quartz fumeux, la fausse topaze, le quartz laiteux, le quartz jaune ou citron, le quartz rose, le cristal de roche, les diamants de Bristol et de Gibraltar, sont des variétés de quartz; on peut mentionner aussi la crocidolite, l'onyx, la sardoine, la pierre de sang, le jaspe, l'agate, l'agate mousseuse, la chrysoprase (de couleur vert-pomme), le plasma (vert), la calcédoine, la cornélienne, l'aventurine (généralement brunâtre ou verdâtre, tachetée de mica), l'héliotrope (mouchetée), la pierre de feu et le quartz œil-de-chat, etc.

Les variétés cristallisées se présentent ordinairement sous forme de prismes hexagonaux terminés par des pyramides; leur poids spécifique est environ 2.65; leur dureté 7.

Le jade (en général légèrement translucide, verdâtre, blanc verdâtre, blanc laiteux, etc.) comprend la « pierre verte » de Nouvelle-Zélande. Dureté : 6,5 à 7.

L'alexandrite et la chrysolite orientale sont des variétés de chrysobéryl.

34. — Certaines pierres sont de trop faible valeur pour qu'on s'attache à leur recherche, à moins, bien entendu, qu'elles ne soient de grandes dimensions, car le prix du polissage influe beaucoup sur la valeur d'une pierre.

Beaucoup de variétés de quartz, transparentes ou trans·
lucides, colorées par des oxydes métalliques, rentrent
dans cette catégorie. Mais il est si facile d'explorer un
cours d'eau, que le terrain soit cristallin, plutonique ou
métamorphique, qu'on devrait procéder à la recherche
des pierres précieuses de toutes sortes beaucoup plus
souvent qu'on n'a coutume de le faire. En ce qui concerne les pierres de grande valeur, il faut bien se rappeler — par exemple, s'il s'agit d'un amas de pierres pré-

Fig. 53.

cieuses de Ceylan — que les échantillons de prix peu·
vent être accompagnés de toutes sortes de pierres sans
valeur, qui peuvent être des variétés impures de saphir
de spinelle de chrysobéryl, de tourmaline, de zircon, etc,
   35. — Les pierres que l'on trouve sont généralement
translucides plutôt que transparentes, beaucoup sont
d'aspect sombre, toutes sont plus ou moins roulées, sans
aucune facette brillante, et la plupart ne sont transparentes ou translucides que si elles sont tenues devant la
lumière ; mais on rencontre pourtant çà et là un bon
échantillon. L'aspect ordinaire des variétés impures est
certainement aussi utile à connaître que celui des beaux
échantillons : la rencontre de ces variétés communes est

pour le prospecteur un encouragement à continuer ses recherches de pierres de valeur.

36. — Pour une raison ou pour une autre, le diamant et l'or se trouvent souvent ensemble dans les dépôts d'alluvions ; aussi doit-on explorer les gisements aurifères pour les pierres précieuses, mais il ne s'ensuit pas que l'or et le diamant, par exemple dans un lit de cours d'eau, doivent se rencontrer toujours à côté l'un de l'autre, car la densité du diamant — tout en étant plus élevée que celle du quartz et de la plupart des cailloux — diffère beaucoup de la densité de l'or.

37. — On a vu au paragraphe 23 que les diamants se trouvent parfois dans des gisements de grès flexibles. Si un de ces gisements n'est pas diamantifère, sa présence est toujours bonne à signaler, car on peut trouver des diamants dans le voisinage.

CHAPITRE VII

Granite. — Schistes. — Gneiss. — Serpentine. — Basalte. —
Obsidienne. — Rétinite. — Pierre ponce. — Grès. — Calcaires.
— Dolomie. - Argiles - Minéraux entrant dans la composition des roches ignées et métamorphiques : quartz ;
feldspath ; mica ; talc ; chlorite ; hornblende. — Augite ; olivine. — Gangues des filons métallifères : quartz ; fluorine ;
calcite.

1. — **Granite.** Le granite est formé de quartz, blanc,
noir, gris, etc., en grains assez irréguliers ; de mica, d'un
blanc d'argent ou d'un noir métallique (remplacé quelquefois par de la hornblende) ; de feldspath potassique,
cristallisé, blanc, rouge d'œillet, ou jaunâtre. Le granite
contient 70 pour 100 de silice, avec de l'alumine, de la
chaux, de la magnésie, des alcalis, de l'oxyde de fer, etc.;
ou 40 pour 100 de feldspath, 30 à 40 pour 100 de quartz,
10 à 20 pour 100 de mica.

Dans le granite feuilleté, les grains sont disposés en

10

couches. Dans le granit graphique, le feldspath est disposé au milieu du quartz, ou le quartz au milieu du feldspath, suivant des dessins qui rappellent des lettres orientales. Les granites micacés, quartzeux, feldspathiques sont des variétés dans lesquelles prédominent respectivement le mica, le quartz ou le feldspath.

La *syénite* est une variété de granite sans quartz, composée surtout de hornblende et de feldspath potassique.

2. — Le *porphyre* est une roche feldspathique compacte, de la nature du granite, contenant des cristaux de feldspath, du mica, du quartz, de la chlorite, etc., qui lui donnent un aspect bigarré.

3. — **Schistes** (1). Les micaschistes sont formés de couches minces de quartz et de mica ; les talcoschistes, de couches minces de quartz et de talc ; les chloritoschiste, de couches minces de quartz et de chlorite ; les schistes à hornblende, de couches minces de quartz et de hornblende.

Dans les roches ignées que nous venons de mentionner, les minéraux sont parfois nettement cristallisés, parfois ils présentent l'aspect compacte de la cassure de la porcelaine.

4. — **Gneiss.** Les gneiss contiennent les mêmes minéraux que le granite, mais disposés en couches parallèles.

(1) Il est de la plus grande importance pour le prospecteur d'être bien familiarisé avec l'aspect des schistes, car les terrains schisteux sont toujours bons à explorer.

5. — **Serpentine**. Minéral verdâtre, gris, brun, etc., opaque ou translucide.

La cassure est conchoïdale.

Dureté : 3,25 à 4.

Poids spécifique : 2,5 à 2,6.

Se présente en masses compactes, ou feuilletées, ou fibreuses, offrant l'aspect de la perle, de la résine ou de la cire.

Au chalumeau, la serpentine blanchit et perd de l'eau.

Contient 40 à 44 pour 100 de magnésie, 40 pour 100 de silice.

6. — **Basalte**. La cassure du basalte est noire, brun grisâtre, bleuâtre ou verdâtre ; mais la surface de la roche ressemble généralement à du drap de couleur terne.

De minces lamelles de basalte examinées au microscope présentent un assemblage latté de cristaux de feldspath (non potassique) et d'augite, accompagnés parfois d'olivine, etc.

7. — **Diorite**. Roche cristalline formée de feldspath (calcique ou calico-sodique), et de hornblende ou de mica noir.

8. — **Andésite**. Roche volcanique contenant du feldspath (non potassique), et de l'augite, de la hornblende ou du mica, dans une masse non cristalline. Les cristaux de feldspath sont souvent très vitreux.

9. — **Obsidienne**. Roche volcanique ressemblant à du verre. Elle a souvent l'aspect et la transparence du verre de bouteille sombre.

10. — **Rétinite** (*pitchstone*). Roche volcanique ressemblant beaucoup à l'obsidienne par certains caractères ; mais la rétinite n'est pas transparente, et son aspect rappelle davantage la poix ou la résine. Généralement noirâtre, mais parfois brun rougeâtre, verdâtre, etc.

11. — **Pierre ponce** (*pumicestone*). Roche volcanique spongieuse, poreuse, généralement — mais pas toujours — blanc grisâtre ou de couleur claire. Flotte sur l'eau, quoique la poudre de pierre ponce ait une densité plus grande que 2. Très fragile.

Au chalumeau, fond en donnant un émail blanc. Sa composition est à peu près la même que celle de l'obsidienne. Difficilement attaquable par les acides.

12. — **Grès** (*sandstones*). Les grès se reconnaissent toujours à leur aspect : ils sont formés de grains de sable soudés les uns aux autres. Ces grains (formés surtout de silice) sont très durs. Pas d'effervescence avec les acides.

13. — **Calcaires.** Les calcaires sont surtout formés de carbonate de chaux; il font donc effervescence, comme les autres carbonates, quand on verse sur eux quelques gouttes d'acide chlorydrique. Le calcaire, bien qu'il soit infusible, donne au chalumeau une lumière très brillante.

Variétés de calcaires :

Craie : tendre, terreuse, blanchâtre, sans éclat.

Calcaire granuleux ou compacte.

Calcaire oolithique, formé de grains sphériques, ayant

l'aspect d'œufs de poissons. *Calcaire marneux, marbre, calcaire spathique,* etc.

14. — Dolomie. Minéral incolore ou blanc, parfois jaune, vert ou rouge pâle, d'aspect perlé, résineux ou vitreux, formé de carbonates de chaux et de magnésie. Infusible au chalumeau, mais donne une lumière brillante.

Ce carbonate ne fait pas effervescence avec les acides.

15. — Argiles. Les argiles contiennent environ 40 à 50 pour 100 de silice, 30 pour 100 d'alumine, de l'eau, et parfois du fer, de la chaux, de la potasse, etc.

Mélangées d'eau, les argiles se pétrissent à la main et peuvent se modeler.

En général, l'argile sèche est très avide d'eau. Durcit en séchant. Happe à la langue. Quand on les sent de près, certaines argiles dégagent une odeur de terre désagréable.

Généralement infusibles dans les fourneaux.

Variétés d'argiles :

Argile schisteuse : gris ou gris jaunâtre.

Cassure d'ardoise. Réduite en poudre et mélangée d'eau, donne une pâte qui peut servir à faire des briques allant au feu.

Argile commune : employée pour la fabrication des briques, des tuiles, et naturellement des poteries. *Glaise.*

Terre de pipe : blanche ou gris blanchâtre ; grasse au toucher. La surface se polit quand on y appuie avec le doigt.

Argile à poterie : plus facilement fusible. Couleurs di-

verses : généralement rouge. jaune, verte, bleue, etc. ;
devient rouge ou jaune à la cuisson.

Kaolin (argile à porcelaine) : c'est la variété d'argile la
plus pure. Contient 40 à 42 pour 100 d'alumine, 46 à 48
pour 100 de silice, et de l'eau. Provient de la décomposition des roches feldspathiques. Le kaolin est gras au
toucher, friable sous les doigts, et ne forme pas facilement de pâte avec l'eau. Chauffé, il durcit, et garde une
couleur blanche.

MINÉRAUX ENTRANT
DANS LA COMPOSITION DES ROCHES
IGNÉES ET MÉTAMORPHIQUES

16. — **Quartz.** (Voir au paragraphe 24 : gangues des
filons métallifères.)

17. — **Feldspath.** Généralement blanc ou rouge, parfois gris, noir, ou vert. Les feldspaths rayent le verre, et
sont rayés par un bon couteau.

Poids spécifique : 2,5 à 2,7.

Éclat ordinairement vitreux ou perlé sur les faces de
clivage parfait.

Certaines variétés de feldspath sont irisées ou opales-
centes.

A l'exception du labrador, les feldspaths sont inatta-
quables ou difficilement attaquables aux acides. Ils contiennent du silicate d'alumine, avec de la soude, de la
potasse et de la chaux ensemble ou séparément.

18. — **Mica.** Minéral en lames minces, à éclat perlé.

Blanc, gris ou noir, jaunissant parfois à l'air. Clivage
parfait suivant une direction. Les lames de mica sont
très flexibles. Le mica se trouve ordinairement en minces
écailles, parfois en larges feuilles. Plus dur que le gypse,
moins dur que la calcite.

Poids spécifique : 2,5 à 3.

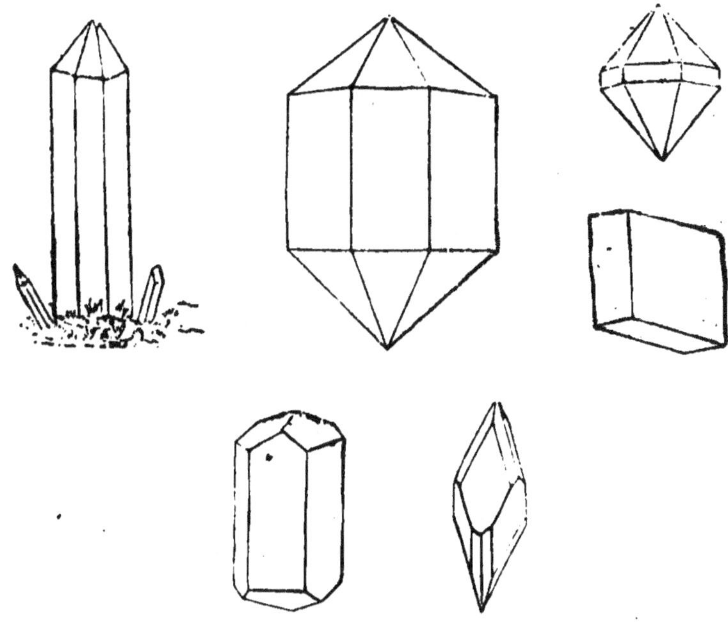

Fig 54, 55, 56, 57, 58 et 59.

Généralement fusible au chalumeau. Difficilement attaquable par l'acide chlorhydrique. Le mica est formé de
silicates d'alumine, de potasse, de magnésie, de chaux,
de fer, de manganèse, etc.

19· — **Talc.** Minéral verdâtre, blanc-jaunâtre, ou parfois incolore, à éclat perlé ou résineux. Gras au toucher ;
tendre, se raie à l'ongle ; peut se couper en lames et se
ployer, mais sans être élastique.

Dureté : 1.

Poids spécifique : 2,6 à 2,8.

Au chalumeau, le talc est infusible, mais blanchit ; il prend une coloration rouge avec la solution d'azotate de cobalt. Insoluble dans les acides chlorydrique et sulfurique. Composition pour 100 : silice, 62 ; magnésie, 27 ; alumine, eau, fer, etc.

20. — **Chlorite**. Minéral vert foncé, ordinairement en feuilles ou en écailles.

Traits de lime : gris verdâtre.

Dureté : 1 à 1,5.

Poids spécifique : 2,70 à 2,96.

Soluble à chaud dans l'acide sulfurique. Formé de silicates d'alumine et de magnésie, et d'eau.

21. — **Hornblende**. Il existe plusieurs variétés de ce minéral, la plupart noir verdâtre, d'autres blanchâtres (celles qui contiennent de la chaux et de la magnésie sont de couleur claire).

Traits de lime : blancs ou légèrement colorés.

Éclat : vitreux.

Dureté : 4 à 6.

Poids spécifique : 2,9 à 4.

Difficilement attaquable par les acides chlorhydrique et azotique.

La hornblende ne se décompose pas quand on la chauffe dans un tube fermé. Plus ou moins fusible au chalumeau. Formée de silicates de chaux, de magnésie, de fer, d'alumine, etc.

22. **Augite**. Minéral vert foncé ou noirâtre, dont la

composition est analogue à celle de la hornblende, à
éclat perlé ou vitreux.

Se trouve dans les roches volcaniques.

23. — Olivine. Minéral vert ou brunâtre, transparent
ou translucide, à éclat vitreux. Se trouve dans les laves
et les basaltes. Plus dur que le feldspath, et parfois aussi
dur que le quartz.

Poids spécifique : 3,3 à 3,5.

Soluble dans l'acide sulfurique, moins soluble dans
l'acide chlorhydrique ; laisse un résidu de silice gélatineuse. Formé de silice, de magnésie, de fer et d'oxygène.

GANGUES DES FILONS MÉTALLIFÈRES

Les principales gangues sont le quartz, la fluorine et
la calcite.

24. — Quartz. On trouve du quartz de presque toutes
les couleurs ; il est généralement blanc ou brunâtre, parfois bleuâtre, comme dans les districts aurifères du
Queensland, et il a un éclat vitreux terne. Il raie le
verre, etc., mais ne peut se rayer à la lime ou au couteau. Le quartz seul est infusible au chalumeau, mais
avec du carbonate de soude il fond en donnant un verre
transparent. Insoluble dans les acides, à l'exception de
l'acide fluorhydrique. Deux morceaux de quartz frottés
l'un contre l'autre dans l'obscurité produisent une lueur
phosphorescente. Le quartz cristallisé est généralement
en prismes à six pans. Dureté : 7. Poids spécifique : 2,6
à 2,7. A la surface des filons, le quartz est très souvent

troué et a l'apparence d'un nid d'abeille, avec des taches brunes, jaunes, pourprées, etc., qui proviennent de la décomposition des pyrites de fer ou de cuivre, ou d'autres minerais, que l'on peut s'attendre à rencontrer en pro-fondeur. Le quartz est de la silice presque pure.

25. — Fluorine. La fluorine est loin d'être aussi commune que le quartz ; pourtant elle constitue souvent, seule ou associée avec d'autres minéraux, la gangue des filons de cuivre, de plomb ou d'argent. Ordinairement de couleur pourpre, parfois jaune, blanche ou verte, et exceptionnellement bleue. Chauffée dans l'obscurité, la fluorine donne une lueur phosphorescente. Elle pourrait être prise pour une pierre précieuse ; mais son peu de dureté permet de l'en distinguer.

La fluorine cristallise le plus souvent en cubes, en octaèdres, etc. Les cristaux sont transparents ou translu-cides. Dureté : 4. Poids spécifique : 3,14 à 3,18. Fragile. Chauffée dans un tube fermé, elle décrépite et devient phosphorescente. Chauffée au chalumeau avec du borax et du sel de phosphore, elle donne une perle opaque. Si on la fond dans un tube avec du sel de phosphore, il se dégage des vapeurs d'acide fluorhydrique qui attaquent le verre. La fluorine pulvérisée, dissoute dans l'acide sul-furique, dégage de l'acide fluorhydrique qui attaque le verre et même les pierres siliceuses.

Les mineurs du Derbyshire appellent *Blue John* (Jean le Bleu) une variété bleue de fluorine.

Composition : calcium, 51 ; fluor, 48.

26. — Calcite (*carbonate de chaux*).
Généralement transparente ou translucide. Cristaux du

système rhomboédrique. Les figures 57, 58 et 59 représentent les formes habituelles de la calcite. Les faces
sont parfois très brillantes. Dureté : 3. Poids spécifique : 2,5 à 2,8. Incolore, jaune topaze, jaune de miel,
gris rose, violet, etc. La calcite est infusible au chalumeau ; elle produit une lumière intense, et peut être réduite à l'état de chaux vive. Fait effervescence avec les
acides.

CHAPITRE VIII

MÉTHODE GÉNÉRALE

1. — L'essai d'un minéral par voie humide consiste à le pulvériser et à le dissoudre complètement dans un liquide, généralement un acide ou un mélange d'acides, et de reconnaître ensuite la présence du métal ou des métaux dans ce minéral, d'après les propriétés des précipités produits par l'addition à la liqueur de certains réactifs. Si le minéral paraît contenir du soufre, de l'arsenic, ou d'autres substances volatiles (c'est le cas pour les pyrites de fer et de cuivre, la galène, etc.), une bonne méthode consiste à le réduire en poudre et à le griller pour chasser le soufre ou l'arsenic et faire passer les métaux à l'état d'oxydes ; on se trouve alors dans de bonnes conditions pour l'essai. Certains minéraux, comme le graphite, le cinabre (principal minerai de mer-

cure), quelques oxydes, quelques sulfates, quelques chlorures, et un certain nombre de silicates, ne sont pas solubles dans les acides. Pour faciliter l'essai de ces minéraux, il faut les mélanger, réduits en poudre, avec environ quatre fois leur poids de carbonate de soude, et fondre ce mélange dans un creuset ou un appareil quelconque, de façon à pouvoir ensuite dissoudre les métaux dans l'acide chlorhydrique. Mais il ne faut recourir à ce procédé que dans les cas où, sans cela, les essais n'auraient pas assez de précision.

2. — Bien que l'on ait surtout recours aux essais au chalumeau, la méthode suivante d'essais par voie humide peut servir à reconnaître la présence de certaines bases métalliques dans un grand nombre de minerais que l'on rencontre fréquemment. Les appareils nécessaires ne sont pas très encombrants; ils comprennent trois flacons d'acides (chlorhydrique, azotique, sulfurique), des flacons de potasse, d'ammoniaque, de protochlorure d'étain (facultatif) pour les essais d'or, des lames de cuivre et de zinc, quelques tubes à essais, des capsules de porcelaine, etc. (1). Le principal désagrément de la méthode d'essais par voie humide est la nécessité d'emporter avec soi des acides forts ; mais on peut les placer dans des flacons épais et bien bouchés, que l'on placera bien empaquetés dans les casiers d'une petite boîte, ce qui diminuera beaucoup les chances de les casser.

3. — Le minéral réduit en poudre fine est dissous dans l'acide chlorhydrique ou azotique, et on ajoute à la solution des réactifs convenables. L'acide azotique, pour dis-

____

(1) Il convient d'avoir aussi de l'acide citrique ; du sulfate de fer pour les essais d'or, etc.

soudre les minéraux, est surtout employé comme équivalent du grillage, et convient surtout quand la substance est un sulfure, un arséniure, ou un alliage métallique.

4. — On place une petite quantité de minerai pulvérisé dans un tube à essais ou dans un récipient approprié, tel qu'une capsule de porcelaine, on ajoute un peu d'eau, et on verse de l'acide azotique. On chauffe sur une lampe à alcool ou sur une flamme quelconque, pendant quelques minutes.

5. — La solution claire que l'on obtient s'appelle liqueur primitive ; s'il reste un résidu de substance non dissoute, on filtre ou on décante la liqueur dans un autre tube à essais.

6. — A la solution claire, on ajoute de l'acide chlo-

CHLORURE D'ARGENT	CHLORURE MERCUREUX	CHLORURE DE PLOMB
Le précipité se dissout dans l'ammoniaque.	Le précipité noircit.	Le précipité n'est pas altéré.
Vérification pour l'argent :	*Vérification pour le mercure :*	*Vérification pour le plomb :*
En ajoutant de la potasse à la liqueur primitive, il se produit un précipité brun.	En ajoutant de la potasse à la liqueur primitive, il se produit un précipité noir. Une lame de cuivre bien décapée plongée dans la liqueur se couvre d'un enduit blanc d'argent.	En ajoutant de l'acide sulfurique à la liqueur primitive, et en agitant, il se produit un précipité blanc de sulfate de plomb qui tombe au fond du tube.

rhydrique ; s'il se produit un précipité, celui-ci est :

Du *chlorure de plomb ;*

Du *chlorure d'argent ;*

Ou du *chlorure mercureux.*

On décante la liqueur claire, et on secoue le précipité avec de l'ammoniaque. (Voir tableau p. 158.)

7. — Supposons maintenant que l'addition d'acide chlorhydrique à la liqueur primitive n'ait produit aucun précipité. On reconnaît la présence d'un certain nombre de métaux en faisant passer un courant d'hydrogène sulfuré dans la liqueur acide. Il peut se former un précipité :

Un précipité *noir* indique la présence du mercure, du plomb, du bismuth, du platine, de l'étain, de l'or, du cuivre ;

Un précipité *jaune* indique la présence de l'étain, de l'antimoine, de l'arsenic, du cadmium.

S'il ne se forme pas de précipité, il faut ajouter d'autres réactifs pour reconnaître la présence du fer, du zinc, du manganèse, du cuivre, du nickel, du cobalt, etc. (1).

8. — Le mieux pour le prospecteur est encore d'opérer de la façon suivante :

On divise la liqueur primitive en plusieurs portions que l'on essaie avec des réactifs différents, comme le montre le tableau suivant :

(1) Essais analogues par fusion : on fond le minéral avec de l'hyposulfite de soude. Si la masse fondue est :

Noire, le minéral peut contenir : bismuth, cobalt, cuivre, or, plomb, mercure, nickel, platine, argent, uranium.

Blanche,	»	»	»	zinc.
Rouge,	»	»	»	antimoine.
Verte,	»	»	»	chrome, manganèse.
Brune,	»	»	»	étain, molybdène.

RÉACTIFS	PRÉCIPITÉS OU COLORATION
ACIDE SULFURIQUE ÉTENDU.	Un précipité blanc indique la présence du *plomb*.
AMMONIAQUE EN EXCÈS.	*a*) Une coloration bleue indique la présence du *cuivre* ou du *nickel*. On reconnaît le cuivre en introduisant dans la liqueur, additionnée d'acide chlorhydrique en excès, une lame de couteau bien propre, qui doit se recouvrir d'un enduit de cuivre. *b*) Un précipité blanc indique la présence du *bismuth* ou du *mercure*. On reconnaît le mercure en dissolvant le précipité dans de l'acide chlorhydrique étendu, et en plongeant dans la solution bouillante une lame de cuivre bien décapée, qui doit se recouvrir d'un enduit ayant l'aspect de l'argent. *c*) Un précipité rouge brun indique la présence du *peroxyde de fer*.
POTASSE EN EXCÈS.	*a*) Un précipité bleu indique la présence du *cobalt*. *b*. Un précipité vert tendre indique la présence du *nickel*. *c*) Un précipité blanc tournant au brun quand on l'agite à l'air, indique la présence du *manganèse*. *d*) Un précipité brun ou vert brunissant à l'air, indique la présence du *fer*. *e*) Un précipité blanc indique la présence du *zinc*. *f*) Un précipité jaune indique la présence du *mercure*.

On reconnaît l'*antimoine* en ajoutant un peu d'acide chlorhydrique à la liqueur primitive, et en y plongeant un morceau de zinc, qui doit produire un précipité noir de fumée.

Pour reconnaître l'*or* dans un minéral, on dissout complètement l'échantillon dans de l'eau régale (4 parties d'acide chlorhydrique et une partie d'acide azotique), et on ajoute à cette dissolution du protochlorure d'étain. La moindre trace d'or dans la liqueur donne lieu au précipité pourpre appelé pourpre de Cassius; si la liqueur prend une coloration d'un rouge brillant, c'est qu'elle contient du *platine*. Si, au lieu de protochlorure d'étain, on ajoutait à la liqueur une solution de sulfate de fer (vitriol vert), l'or se précipiterait sous forme de poudre brune.

9. — La recherche d'un métal dans un minéral se fait généralement très bien au moyen du chalumeau; mais dans certains cas cette méthode fournit difficilement de bons résultats; par exemple, quand un même échantillon contient plusieurs composés métalliques. Les essais par voie humide, consistant dans l'addition de différents réactifs à la liqueur primitive, sont alors très utiles.

10. — L'action d'un acide sur un minéral permet souvent de reconnaître si c'est un silicate, un carbonate, etc.; dans le premier cas, il se forme parfois un dépôt gélatineux de silice; dans le deuxième cas, il se produit une effervescence; s'il se dégage des vapeurs nitreuses, c'est que le minéral contient du cuivre, ou de la pyrite cuivreuse, ou quelque autre substance métallifère ne renfermant pas d'oxyde.

CHAPITRE IX

Diverses méthodes d'essais des minerais. — Fondants, réactifs. — Préparation du minerai pour l'essai. — Choix de l'échantillon. — Pesée. — Emploi de la tonne d'essai conventionnelle. — Construction et usage d'une balance de voyage pour la pesée des boutons métalliques. — Essai par voie sèche de l'or et de l'argent. — Appareils et méthodes. — Fusion au creuset. — Scorification. — Coupellation. — Indication de la présence de certains métaux fournie par l'aspect des taches de la coupelle. — Fabrication des coupelles. — Essai par voie sèche du plomb, de l'étain, de l'antimoine. — Essai par voie humide de l'or, de l'argent, du plomb, du cuivre, du fer. — Grillage. — Essai mécanique des minerais.

1. — On détermine la proportion de métal contenue dans un minerai par deux méthodes générales d'essais :

La méthode par voie sèche, qui consiste à fondre le minerai pulvérisé, avec ou sans addition de fondants ;

La méthode par voie humide, qui consiste à traiter le minerai par des réactifs liquides.

2. — L'essai ordinaire par voie humide se fait en dissol-

vant le minerai dans des acides, et en ajoutant à la liqueur des réactifs qui déterminent la formation de précipités contenant les métaux.

3. — Pour certains essais, tels que ceux du cuivre, du fer, du zinc, de l'argent, la liqueur primitive est additionnée d'une solution type, de teneur connue, que l'on verse goutte à goutte d'une burette graduée, jusqu'à changement de la coloration de la liqueur ; on lit alors la division de la burette où affleure le réactif, ce qui donne par un calcul simple la proportion de métal contenue dans le minerai. Il existe également d'autres méthodes plus simples qui donnent de bons résultats, et que le prospecteur peut très bien employer s'il ne tient pas à une exactitude rigoureuse.

4. — On peut faire aussi l'essai mécanique d'un minerai, par exemple en séparant au moyen d'un courant d'eau les parties légères des substances plus lourdes, comme cela se pratique dans la méthode du « pan » pour les dépôts aurifères (voir chapitre v, § 71).

5. — Pour les essais par voie sèche, on emploie généralement des creusets ou des scorificateurs pouvant supporter sans se briser une température très élevée ; on y place le minerai en poudre, mélangé ou non de fondants, et on les chauffe dans des fours à des températures qui varient d'après la nature du minerai que l'on traite.

Les principaux fondants que l'on emploie sont les suivants :

Carbonate de soude ou *de potasse*, pour la fusion de la silice, etc.

Borax, pour la fusion de la chaux, de l'oxyde de fer, etc.

Verre, silice, fluorine, litharge, fondants divers.

Charbon de bois en poudre, cyanure de potassium, agents
réducteurs.

Air, nitre (très riche en oxygène), *litharge, sel marin,* etc.,
agents d'oxydation. (L'air est employé dans le grillage
des minerais sulfurés).

Air, clous en fer, carbonate de soude, etc., agents de désul-
furation.

Air, nitre, etc., pour enlever l'arsenic.

Plomb, mercure, etc., dissolvants de l'or et de l'argent.

7. Préparation du minerai pour l'essai. —
L'échantillon à essayer ne doit pas être choisi avec
l'idée préconçue d'obtenir un bon résultat. Il faut
qu'il représente la teneur moyenne du minerai sur le
carreau de la mine. Une fois cet échantillon choisi, on le
réduit en poudre fine, en le broyant dans un mortier
autant que possible ; à défaut de mortier, on peut le réduire d'abord en morceaux, puis envelopper ces fragments dans une étoffe ou un papier, et les pulvériser en
les pilant entre deux cailloux assez durs. Pour empêcher
que des fragments ne sautent hors du mortier, il suffit de
recouvrir celui-ci d'une feuille de papier, percée d'un
trou pour le passage du pilon. Certaines roches, en particulier les roches quartzeuses, deviennent plus faciles à
broyer quand on les chauffe et qu'on les trempe dans
de l'eau froide. Si le minerai ne contient pas de parcelles
métalliques, la pulvérisation et le tamisage sont relativement faciles ; mais si la roche contient des parcelles
métalliques, celles-ci s'écrasent sous le pilon, et finis-
sent par ne plus présenter l'aspect métallique ; elles
peuvent ne pas passer à travers le tamis, et un essayeur
inexpérimenté les rejettera, sans se douter que ces grains
représentent la partie la plus riche de l'échantillon. Ces

parcelles doivent au contraire être recueillies et examinées soigneusement.

8. — Lorsque le minerai se colle au mortier, il faut y
verser un peu de coke ou de charbon de bois en poudre,
et remuer le tout ensemble.

9. — Quand on veut faire un essai par voie sèche,
le meilleur tamis à employer est celui de soixante
mailles au pouce ; le tamis de quatre-vingts mailles au
pouce est celui que l'on emploie ordinairement pour les
essais par voie humide, mais pour la séparation des
substances lourdes, comme l'or, l'étain, etc., des matières plus légères, par agitation dans l'eau, on n'a pas
besoin de réduire le minerai en poudre aussi fine. A défaut d'un tamis, un morceau de fine mousseline convient
assez bien pour les tamisages ordinaires ; on place dans
la mousseline le minerai pulvérisé et on la secoue doucement en tenant les coins dans la main.

10. — Après pulvérisation complète du minerai, on le
replace dans le mortier et on le remue quelques instants
avec le pilon, pour mélanger intimement les portions
lourdes et les portions plus légères ; on retourne ensuite
vivement le mortier sur une feuille de papier bien sèche
(du papier glacé autant que possible). On remue doucement la poudre avec une spatule ou un couteau, et s'il y
en a trop on en fait quatre parts ; on prend pour l'essai
une ou plusieurs de ces portions Il ne reste plus alors
qu'à peser avec précision, sur la balance à minerai, la
quantité de poudre que l'on va traiter. Quand on fait un
essai d'or ou d'argent, le bouton de métal précieux que
l'on obtient est évidemment très petit, et on le pèse avec
une balance de précision ; il faut dans ce cas une grande
précision dans la pesée initiale du minerai, car la quan-

lité de métal précieux contenu dans 100 parties de minerai s'obtient ainsi :

Proportion pour 100 de métal précieux dans le minerai

$$\frac{\text{Poids du bouton métallique}}{\text{Poids de l'échantillon de minerai}} \times 100$$

11. — Pour peser l'or, l'argent, le platine, on emploie parfois en Angleterre les mesures « troy » ; pour peser les autres métaux, les Anglais se servent des mesures « avoirdupois » (1). En France on emploie le système décimal (gramme et fractions décimales du gramme) qui convient toujours très bien pour toutes les pesées.

On se sert très souvent, dans les pays de langue anglaise, de la « tonne d'essai » conventionnelle pour la pesée des minerais La « tonne d'essai » est un poids, représenté par un bloc de cuivre, choisi de telle façon que si la quantité de minerai qui lui fait équilibre fournit n milligrammes de métal précieux, une tonne (anglaise ou américaine) de minerai contient n onces de métal précieux. En Angleterre, où une tonne vaut 2.240 livres, la tonne d'essai pèse 32 gr. 667 ; en Amérique, où une tonne ne vaut que 200 livres, la tonne d'essai pèse 29 gr. 166. Le prospecteur n'a d'ailleurs pas besoin de savoir le poids du bloc qui représente la tonne d'essai ; il n'a qu'à s'en servir pour peser le minerai.

On fait souvent les essais sur un dixième de « tonne d'essai » de minerai ; si le bouton métallique obtenu pèse n milligrammes, le poids de métal précieux par tonne (anglaise ou américaine) de minerai est alors $10\,n$ onces.

____

(1) Voir l'Appendice : Poids et mesures.

12. — L'emploi de la balance de précision demande beaucoup de soin, et l'on ne doit s'en servir que pour les métaux précieux ; les minerais, les fondants, etc., se pèsent sur une balance moins délicate. Le réglage et la lecture de la balance de précision exigent une étude préalable, sans laquelle on ne doit pas toucher à cet appareil. Il faut se rappeler que le châssis vitré doit toujours être maintenu baissé, excepté pendant la pesée, et que l'appareil ne doit jamais être exposé aux vapeurs acides ou autres gaz corrosifs.

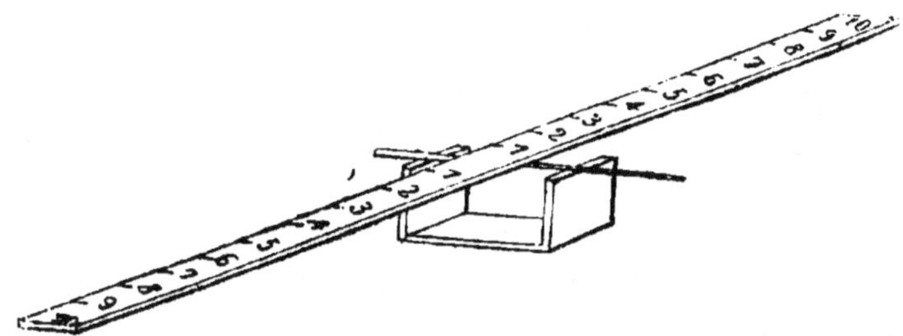

Fig. 60.

13. — A défaut d'une balance, on peut en construire une de la façon suivante : On prend une petite planchette de bois de sapin, de 30 à 40 centimètres de longueur sur un centimètre environ de largeur ; en son milieu, on fixe une aiguille en travers, en la collant avec de la cire ou en la piquant dans le bois. On prend ensuite une feuille d'étain ou d'un autre métal, de 3 centimètres sur 2 centimètres environ, dont on relève les bords à angle droit, sur 8 millimètres environ de hauteur ; on place sur ces bords les extrémités de l'aiguille, de façon à constituer une balance (fig. 60). Si la planchette n'est pas en équilibre, on allège l'une de ses extrémités en la rognant un peu. On divise alors la réglette en vingt parties égales,

dix de chaque côté de l'aiguille, et on les marque 1, 2, 3, jusqu'à 10, en commençant par le milieu.

14. — On se servira des trois poids suivants : 1 décigramme, qu'on obtiendra en pesant sur une balance de laboratoire un bout de fil de fer dont on rejoindra les extrémités.

1 centigramme, qu'on obtiendra en plaçant le poids de 1 décigramme sur la division 1, et en lui faisant équilibre avec un bout de fil de fer placé de l'autre côté sur la division 10.

1 milligramme, que l'on obtiendra de la même façon, à l'aide du poids de 1 centigramme.

15. — Pour peser un bouton d'or ou d'argent, on le place sur la division 10, et on essaye si 1 décigramme placé de l'autre côté sur la division 10 lui fait équilibre ; s'il en est ainsi, le bouton pèse 1 décigramme. Si la balance penche du côté du fil, on avance celui-ci vers le milieu, en le plaçant successivement en 9, 8, 7, etc., jusqu'à ce que la réglette penche du côté du bouton ; on laisse alors le fil sur la division où il est, et on prend le poids de 1 centigramme que l'on place en 9, 8, 7, etc., jusqu'à ce que la balance se remette à pencher du côté du bouton. On procède alors de la même façon avec le poids de 1 milligramme.

Supposons que les trois poids soient respectivement sur les divisions 8, 7, 3 ; le bouton pèse 0 dgr. 873.

ESSAI PAR VOIE SÈCHE DE L'OR ET DE L'ARGENT

16.— L'essai de l'or ou de l'argent par voie sèche consiste à séparer le métal précieux contenu dans l'échantillon, en l'absorbant par du plomb, soit par *scorification*, soit par *fusion au creuset*, et à traiter ensuite par *coupellation* au moufle le bouton de plomb renfermant l'or ou l'argent ; le métal précieux reste sur la coupelle en cendre d'os à l'état de globule brillant.

17. — On trouve chez les marchands d'appareils de chimie des nécessaires complets pour les essais, ainsi que des fourneaux portatifs pour la coupellation au moufle ; nous n'avons donc pas besoin d'entrer dans de longs détails sur ce sujet. Les instruments et les produits les plus indispensables sont : une balance à minerai et une balance de précision avec leurs poids, deux ou trois moufles, des creusets de Hesse, des scorificateurs, un moule à coupelles, des pinces à creusets, à scorificateurs et à coupelles, des tisonniers et des pique-feu, un mortier et un pilon en fer (ou bien une plaque métallique et un pilon), un tamis de 80, une spatule, un marteau, de la cendre d'os pour faire les coupelles, de la litharge, du borax, du carbonate de soude, des clous, du nitre, du coke, du charbon de bois, des tubes à essais, des acides, une brosse pour nettoyer les boutons métalliques.

18. — Pour allumer le feu, on place dans le fond du four du menu bois ou du papier ; on dispose par dessus des morceaux de bois assez gros, que l'on dispose autour du moufle, et on met le feu à la partie inférieure. On recouvre ensuite le bois avec du charbon de bois, du coke, ou de l'anthracite en fragments de la grosseur d'un œuf. On ferme la porte du moufle et celle du four, et on active le feu le plus possible, pour la scorification.

19. — La méthode de la fusion au creuset convient très bien pour les minerais pauvres en or et en argent,

car on peut mettre dans un creuset des quantités plus
grandes de minerai que dans un scorificateur. Mais pour
les minerais ordinaires, c'est la méthode de la scorification que l'on emploie le plus souvent.

20. — Scorification :

Charges : Minerai en poudre fine.   30 grammes.
         Plomb en grains (1). .   300 à 600   —
         Borax   3   —

Le minerai pulvérisé, mélangé avec la moitié du
plomb, est placé dans le scorificateur ; on verse par dessus le reste du plomb, et on recouvre le tout de borax.
On place le scorificateur dans le moufle, et on ferme la
porte jusqu'à fusion complète. A ce moment, on
entr'ouvre la porte, et on élève la température jusqu'à
ce que le bain en fusion se recouvre de litharge. Tout
cela demande environ une demi-heure. On saisit alors le
scorificateur avec les pincettes, et on en verse avec soin
le contenu dans une capsule ou dans un moule en fer.

(1) Le plomb employé pour les essais doit toujours subir une cou
pellation préalable, pour savoir s'il contient de l'argent, ce qui est
très fréquent. On peut obtenir du plomb à peu près pur en chauffant de la litharge ou du minium avec 5 pour 100 en poids de
charbon de bois ; mais même dans ce cas il faut essayer le plomb
obtenu avant de l'employer à la coupellation.

La proportion de plomb granulé que l'on emploie varie d'après
la nature du minerai que l'on traite :

Minerai.	Proportion de plomb.	Proportion de borax.
Quartz.	800 p. 100 de minerai.	25 à 1 0 p. 100 de minerai.
Galène.	600 —	15 —
Minerais arseni- caux, antimo- nieux, pyrites de fer ou de cuivre.	1000 à 1600 —	10 à 20 —

Après refroidissement, le bouton de plomb, qui contient l'or et l'argent, est séparé de la scorie, nettoyé à coups de marteau, et mis sous forme de cube, pour passer à la coupellation.

21. — Fusion au creuset :

Charges : Minerai.	75 à 400 grammes.
Minium	400 —
Charbon de bois en poudre.	15 à 20 —
Carbonate de soude et borax (ensemble)	400 —

Plus le minerai contient de quartz, plus il faut forcer la proportion de carbonate de soude ; plus il contient d'oxyde de fer ou d'autres bases métalliques, plus il faut ajouter de borax. On mélange intimement ces matières, et on recouvre le tout d'un peu de borax. On chauffe le creuset, doucement d'abord, puis plus fort, jusqu'à fusion complète, ce qui demande environ vingt minutes. On retire alors le creuset du feu, et on le renverse au-dessus d'un moule en fer. Après refroidissement, on débarrasse le culot de plomb de la scorie, on le nettoie, et on lui donne grossièrement la forme d'un cube pour le passer à la coupellation.

22. — Pour la fusion au creuset des sulfures et des minerais de cuivre aurifères et argentifères, on grille d'abord le minerai, puis on le fond.

Charges : Minerai.	75 à 400 grammes.	
— Minium.	750 —
— Charbon de bois en poudre.	25 —
— Carbonate de soude . . .	150 à 2500 —
— Borax..	100 à 200 —

23. — Coupellation. — On place la coupelle (1)
vide dans le moufle avant que celui-ci ne soit chaud, et
quand le four a atteint la température convenable, ce
qu'on reconnaît à sa colora'ion rouge-cerise, on dépose
doucement dans le fond de la coupelle, en le saisissant
avec les pincettes, le bouton de plomb contenant l'or
ou l'argent, provenant soit de la scorification soit de la
fusion au creuset. On ferme la porte du moufle jusqu'à
ce que le métal fondu soit à la même température que
le moufle. On peut suivre la marche de l'opération en
regardant par une fente de la porte. Il faut éviter que le
métal se refroidisse, ce qu'on reconnaît à ce que les
fumées montent perpendiculairement de la coupelle
vers la voûte du moufle ; il faut aussi éviter qu'il soit
trop chaud, ce qui a lieu lorsque les fumées s'élèvent
difficilement, en masquant la coupelle dont les bords se
voient indistinctement. Dans le premier cas, on placera
dans le moufle un morceau de charbon de bois, pour
élever la température, et on piquera le feu. Quand le
moufle est à la température convenable, les fumées
occupent la moitié supérieure du moufle, la coupelle
est rouge, le métal est très brillant, et l'on voit tourbil-
lonner la surface du bain fondu. Le bouton métallique
s'arrondit de plus en plus, et finit par se transformer en
un point brillant qui est le métal précieux, et qui reste
dans la coupelle. On avance alors peu à peu la coupelle
vers la porte du moufle, en la saisissant avec les
pincettes ; il faut éviter le *rochage* du métal, c'est-à-
dire les crachements qui se produisent quand la coupelle
est exposée trop brusquement au froid. Si l'opération a

(1) Voir au § 26 pour la préparation des coupelles.

été bien conduite, le bouton de métal précieux est bien rond, d'aspect légèrement cristallin, et se détache facilement de la coupelle.

24. — Comme le bouton peut contenir à la fois de l'or et de l'argent, il faut, après l'avoir nettoyé à la brosse, et l'avoir pesé, le traiter par de l'acide azotique, qui dissout l'argent et laisse l'or sous forme d'une poudre brune ; on pèse cet or, et la différence entre le poids trouvé et le poids du bouton donne la quantité d'argent.

L'attaque par l'acide azotique se fait en plaçant le bouton dans un tube à essais avec environ dix fois son poids d'acide azotique étendu, et en faisant bouillir pendant environ un quart d'heure ; l'argent se dissout et l'or reste inattaqué. On décante la liqueur, on verse sur la poudre d'or un peu d'acide azotique pur pour être sûr de dissoudre tout l'argent, on décante, on lave l'or et on le sèche. Si l'aspect du bouton fait supposer qu'il est riche en or, il faut le fondre avec un peu d'argent avant de le traiter par l'acide azotique, car le « départ » de l'or et de l'argent — c'est ainsi qu'on appelle cette séparation des deux métaux — ne se fait bien que s'il y a au moins trois fois plus d'argent que d'or dans le bouton.

25. — L'aspect des taches que présente la coupelle permet de reconnaitre la présence de certains métaux :

Antimoine. Scorie allant du jaune pâle au rouge brun ; la coupelle se fend quelquefois.

Arsenic. Scorie blanche ou jaune pâle.

Cobalt. Scorie vert sombre et taches verdâtres.

Cuivre. Scorie verte ou grise, rouge sombre ou brune.

Étain. Scorie grise ; quand il y a de l'étain, le bain a tendance à se refroidir.

Fer. Scorie brun rouge foncé.

Manganèse. Taches noir bleuâtre foncé.

Nickel. Taches verdâtres ; scorie vert foncé.

Palladium et *Platine.* Taches verdâtres ; le bouton a l'aspect très cristallin.

Plomb. Taches jaune-paille ou orange.

Zinc. La coupelle est colorée en jaune, et rongée.

26. — Préparation des coupelles en cendre d'os. La cendre d'os s'obtient en broyant les os brûlés (les os de mouton et de cheval sont les meilleurs) ; elle ne doit être ni trop fine ni trop grosse. On la mélange avec de l'eau, dans la proportion de 1 partie d'eau pour 15 parties de cendre d'os en poids ; cette pâte doit être assez consistante, sans pourtant coller aux doigts. On ferme le fond du moule à coupelles avec une rondelle métallique — une pièce de monnaie par exemple — et on le remplit avec la cendre d'os ; on appuie un marteau contre la surface de la cendre, et on tape légèrement dessus avec un maillet ou un autre marteau. On soulève ensuite la coupelle avec le doigt, et on la retire du moule.

ESSAIS DE CERTAINS MÉTAUX AUTRES QUE L'OR ET L'ARGENT

27. — Galène. Pour déterminer la quantité de plomb contenue dans une galène, on place dans un creuset le minerai pulvérisé (2 ou 3 parties en poids), avec du carbonate de soude (1 partie), on place sur ce mélange deux ou trois clous en fer, pour s'emparer du soufre, et on recouvre le tout de sel ou de borax.

L'essai se fait dans un moufle ou dans un four. Le

creuset, rempli aux deux tiers, est chauffé au rouge, et l'on élève graduellement la température jusqu'à la fin de l'opération, qui demande vingt à vingt-cinq minutes. On verse le contenu du creuset dans un moule, et, après refroidissement, on débarrasse des scories le culot de plomb obtenu.

$$\frac{\text{Poids du culot}}{\text{Poids de l'échantillon}} \times 100 = \text{proportion pour 100 de métal.}$$

Comme la galène contient toujours plus ou moins d'argent, on doit coupeller le plomb obtenu pour déterminer sa teneur en métal précieux. On divisera le culot de plomb en deux ou en plusieurs portions, que l'on coupellera séparément, car une coupelle ne peut guère absorber que son propre poids de plomb.

On peut faire un essai grossier de la galène pour le plomb, en plaçant le minerai pulvérisé, sans aucun fondant, dans une marmite en fer, et en le chauffant à un feu de forge.

28. — Cuivre. L'essai au creuset des minerais de cuivre, ainsi que le procédé du raffinage, demande une certaine habitude ; aussi est-il préférable de déterminer par voie humide la teneur en cuivre des minerais.

29. — Étain. Si le minerai est pauvre, il faut d'abord le concentrer, en séparant la gangue le mieux possible.

Si la cassitérite est associée à des pyrites de fer ou de cuivre, il faut calciner le minerai, ou même l'attaquer par des acides. On peut, comme en Cornouailles, mélanger le minerai avec 1,5 de son poids d'anthracite ou de charbon de bois, et chauffer très fortement le mélange dans un creuset pendant environ vingt minutes ; on verse ensuite le contenu du creuset dans un moule en fer, et on examine avec soin les scories pour recueillir tous les globules métalliques.

On peut encore mélanger 10 grammes de minerai avec 60 grammes de cyanure de potassium, et soumettre le mélange à un bon feu pendant vingt minutes. On laisse ensuite refroidir, et on brise le contenu du creuset pour séparer les scories du métal que l'on pèse.

30. — **Mercure.** Pour l'essai des minerais de mercure, voir au chapitre V, paragraphe 59.

31. — **Antimoine.** Pour déterminer la teneur en antimoine d'un minerai contenant du sulfure d'antimoine avec des gangues, on place environ 200 grammes de minerai broyé dans un creuset dont le fond est percé d'un trou que l'on ferme avec un bout de charbon de bois. On introduit ce creuset dans un autre creuset, de façon que le fond du premier soit à mi-hauteur du second. On lute le couvercle, et on garnit l espace qui sépare les deux creusets avec de l'argile réfractaire et du sable (1). On place les creusets dans un four, de façon que le creuset inférieur arrive au-dessous du niveau de la grille, et que le creuset supérieur dépasse ce niveau. Le sulfure d'antimoine, qui fond au rouge, se rassemble dans le fond du creuset inférieur, tandis que le quartz et les autres gangues restent dans le creuset supérieur. L'opération dure environ une heure et demie.

(1) Un mélange d'argile fraîche et de brique réfractaire pulvérisée forme une très bonne pâte à luter.

Quand il est pur, le sulfure d'antimoine contient un peu plus de 70 pour 100 de métal.

ESSAIS PAR VOIE HUMIDE

32. — Or. On ajoute, à environ 15 grammes de minerai pulvérisé, 60 grammes d'un mélange de 4 parties d'acide chlorhydrique et de 1 partie d'acide azotique, dans une capsule ou un récipient quelconque. La liqueur décantée est évaporée à sec, en ayant soin d'ajouter de l'acide chlorhydrique pendant cette évaporation. On ajoute du sulfate de fer, dissous dans de l'eau chaude, à la liqueur aurifère, également chaude ; l'or se précipite à l'état de poudre brune. On filtre la solution et on pèse le précipité après séchage.

Cette méthode est d'une application plus délicate que la méthode d'essai par voie sèche.

33. — Argent. On dissout le minerai pulvérisé dans de l'acide azotique, et on précipite l'argent sous forme de chlorure en ajoutant à la liqueur une solution de sel de cuisine ou de l'acide chlorhydrique (1). Si le précipité ne renferme ni chlorure de plomb ni chlorure mercureux, il suffit de décanter ou de filtrer la liqueur et de peser le chlorure d'argent ; les trois quarts du poids trouvé représentent à peu près le poids d'argent contenu dans l'échantillon. On peut aussi fondre le chlorure d'argent pour obtenir le métal.

---

(1) Le chlorure d'argent précipité se dissout dans l'ammoniaque, tandis que ce réactif noircit le chlorure mercureux, et n'agit pas sur le chlorure de plomb.

34. — Plomb. On place le minerai en poudre dans une capsule de porcelaine ou dans un autre récipient convenable, et on le dissout dans de l'acide azotique concentré, en chauffant jusqu'à ce que le résidu insoluble soit complètement blanc, et qu'il ne se dégage plus de fumées. On ajoute quelques gouttes d'acide sulfurique et on évapore à sec ; on reprend par l'eau, et on filtre. Le résidu peut contenir de la silice avec certains sulfates ; on le fait bouillir avec du carbonate de soude pendant environ quarante minutes. On filtre ensuite, et on dissout le résidu, formé surtout de carbonate de plomb, dans de l'acide acétique. On ajoute à la liqueur claire un peu d'acide sulfurique ; on filtre ou on décante le liquide. Le résidu est du sulfate de plomb, qui contient environ 68 pour 100 de plomb métallique.

35. — Cuivre. La meilleure méthode de dosage du cuivre contenu dans un minerai consiste à dissoudre le minerai dans un acide, à ajouter de l'ammoniaque à la dissolution jusqu'à ce que celle ci passe au bleu, et à verser ensuite goutte à goutte d'une burette graduée une solution titrée de cyanure de potassium jusqu'à décoloration de la liqueur.

Si 100 cmc. de solution titrée correspondent à 1 dgr. de cuivre, et s'il a fallu un cmc. de solution pour décolorer la liqueur, le poids de cuivre contenu dans l'échantillon de minerai est $\frac{n}{100}$ dgr., et la proportion pour 100 de cuivre dans le minerai est :

$$\frac{n}{10 \times \text{poids du minerai en grammes.}}$$

Cette méthode d'essai à la burette, de même que la

méthode d'essai par voie sèche, n'est précise que si l'on
y apporte un grand soin; on obtiendrait des chiffres
inexacts si on l'appliquait sans étude préalable, car la
présence de certains métaux autres que le cuivre peut
fausser les résultats.

Aussi ne la décrivons-nous pas en détail; les prospecteurs auront avantage à suivre la méthode suivante, qui
est plus simple.

36. — On prend 15 à 20 grammes de minerai pulvér
risé, qu'on grille dans une capsule de porcelaine pour
chasser le soufre, l'arsenic, etc. On le dissout à chaud
dans de l'acide azotique, on ajoute un peu d'acide sulfurique, et on évapore à sec. On reprend par l'eau, et on
verse la solution dans une éprouvette. Si l'on y plonge
une feuille de tôle ou un morceau de fer bien propre,
pendant environ une heure, le cuivre métallique se dépose sur le fer; on l'enlève en le frottant avec les barbes
d'une plume, et on le pèse.

37. — On peut encore, pour éviter le grillage, humec-
ter le minerai en poudre avec de l'acide azotique; on
chauffe pendant une heure environ, en ajoutant de l'acide
azotique au fur et à mesure de son évaporation. On
ajoute ensuite de l'acide chorhydrique pour chasser
l'acide azotique; on reconnaît que celui-ci a disparu quand
il ne se dégage plus d'odeur de chlore. On étend d'eau,
et on précipite le cuivre sur du fer comme précédemment. Pour s'assurer que la précipitation du cuivre es
complète, on introduit dans la liqueur la pointe d'un
couteau, qui ne doit pas se recouvrir d'un enduit de
cuivre.

38. — **Fer.** L'essai d'un minerai de fer par voie humide

se fait en le dissolvant dans de l'acide chlorhydrique, et en ajoutant à la liqueur une solution titrée de bichromate de potasse, contenue dans une burette graduée. Comme tous les essais à la burette, celui-ci exige une telle expérience pour donner de bons résultats qu'il est inutile de la décrire en détail. Les prospecteurs ont rarement besoin de déterminer la proportion exacte de fer contenue dans un minerai ; le simple examen d'un échantillon leur permettra, presque aussi bien qu'un essai, de connaître la valeur d'un minerai, valeur qui ne dépend pas seulement de la quantité de fer, mais aussi de la nature du minerai.

GRILLAGE DES MINERAIS

39. — Le grillage des minerais a pour but de chasser le soufre, l'arsenic, etc. On place le minerai pulvérisé dans un récipient ouvert et peu profond, autant que possible, et on le chauffe doucement d'abord, puis plus fort. Pendant le grillage, l'air doit pouvoir arriver facilement jusqu'au minerai, que l'on remue constamment avec un fil de fer à bout recourbé, ou avec quelque autre instrument, pour éviter la formation de croûtes solides. Quand il ne se dégage plus de fumées, l'opération est terminée ; elle demande environ un quart d'heure.

ESSAI MÉCANIQUE DES MINERAIS

40. — Cet essai consiste à broyer les minerais et à les soumettre à l'action de l'eau courante sur un plan in-

cliné; les portions les plus lourdes se déposent d'abord et sont retenues par des traverses disposées sur le fond.

On peut aussi retenir ces matières en les faisant passer sur des peaux brutes placées la laine en haut.

Pour le traitement au « pan » des minerais d'or, voir au chapitre V, paragraphe 71.

CHAPITRE X

Traitement métallurgique. — Extraction du cuivre de la chalcopyrite et des autres sulfures. — Extraction du plomb de la galène. — Traitement des minerais argentifères. — Extraction de l'or des minerais de filons ou d'alluvions. — Concentration des minerais.

1. — Dans les laboratoires, on extrait les métaux de leurs minerais par voie sèche ou par voie humide, comme nous l'avons indiqué rapidement au chapitre précédent.

En dissolvant un minéral dans un acide ou dans un mélange d'acides (1), et en ajoutant à la dissolution des réactifs convenables, on produit des précipités, d'où l'on peut extraire le métal soit par fusion soit par une autre méthode. On peut encore précipiter certains métaux de

(1) Le chlorure d'argent, la cassitérite, etc., sont presque insolubles dans les acides.

leurs dissolutions en les déplaçant par d'autres métaux.
Exemple :

Le fer précipite le plomb ;

Le fer ou le zinc précipitent le cuivre ;

Le cuivre, le zinc, le fer, le plomb précipitent le mercure ; etc.

2. — Un certain nombre de méthodes d'extraction des
métaux par fusion ont été déjà décrites ; mais quand il
s'agit de traiter industriellement de grandes quantités
de minerai, beaucoup de procédés de laboratoire deviennent trop coûteux, et ne peuvent servir, car ici la
question d'économie prime tout. Les méthodes de production des métaux doivent être choisies d'après le prix
des appareils, leur durée, leur rendement, leur légèreté
dans certains cas, leur valeur au point de vue de l'économie de main-d'œuvre, de combustible, de fondants, etc.

Dans certains cas, on a la chance de pouvoir employer
des fondants à bon marché, comme le calcaire — il y a
pourtant des pays où le calcaire revient cher à cause du
transport —, ou des produits chimiques de faible valeur
commerciale, ce qui permet de traiter des minerais qui
seraient inexploitables s'il fallait se servir de fondants ou
de réactifs coûteux. Dans certaines régions où le combustible ou l'eau font défaut, ou quand la mine est éloi-
gnée de tout pays civilisé, il faut tenir compte de bien
des considérations avant d'adopter un procédé d'extraction déterminé. On s'est beaucoup mis en frais, depuis
plusieurs années, pour trouver des méthodes plus écono-
miques et plus perfectionnées pour le traitement des
minerais d'or et d'argent.

Plus d'une mine a dû cesser toute exploitation, par
suite soit de la mauvaise conduite des travaux, soit de la

cherté de la main-d'œuvre, soit de l'impossibilité d'extraire tout le métal de son minerai.

Il est certain qu'il existe en plusieurs points du globe, par exemple dans l'ouest de l'Amérique, dans le sud de l'Afrique, etc., d'immenses quantités de minerais à faible teneur, impossibles à exploiter avec profit à l'heure actuelle, qui peuvent plus tard, grâce à certaines circonstances favorables, devenir d'un traitement lucratif. Ces minerais ne pourraient être exploités dans les conditions actuelles que si l'on pouvait en abaisser le prix de traitement de quelques francs par tonne ; mais à part leur peu de richesse, ils ont l'avantage de se présenter en gisements très étendus et de composition moyenne constante, tandis que beaucoup de gisements riches actuellement exploités sont formés de paquets de minerais plus ou moins régulièrement disposés.

3. — Nous ne décrirons pas en détail les différentes méthodes d'extraction des métaux de leurs minerais, telles que la réduction des oxydes de fer par le charbon, l'oxyde de carbone, l'hydrogène, etc. ; la transformation des carbonates en oxydes par la chaleur ; l'extraction du zinc de la blende par grillage, réduction par le charbon et distillation ; l'extraction du mercure du cinabre par chauffage à l'air, ou avec de la chaux ou de l'oxyde de fer, et par distillation ; la production de l'antimoine par réduction de la stibine par le fer, etc. Mais nous pensons que les prospecteurs auront du profit à connaître quelques-uns des principes qui servent de base à l'industrie métallurgique.

Les procédés employés en métallurgie se modifient sans cesse. C'est ainsi que pour la production de l'aluminium, le procédé au sodium a été remplacé, il n'y a pas longtemps, par des méthodes électriques, dont l'emploi a beaucoup réduit le prix de ce métal. Il serait donc impossible et absurde de vouloir déterminer à priori le meilleur procédé de traitement d'un minerai, d'autant plus que le même minerai doit être traité différemment selon la région où il se trouve, comme nous l'avons expliqué plus haut. Ce que nous avons de mieux à faire, c'est peut-être d'exposer complètement l'un des procédés employés en métallurgie, en choisissant par exemple l'extraction du cuivre de la pyrite, à cause de la complexité même de cette opération.

EXTRACTION DU CUIVRE DE LA CHALCO-PYRITE ET DES AUTRES SULFURES

4. — Le minerai est grillé pour être débarrassé du soufre, de l'arsenic, etc. ; on le fond ensuite avec des scories (contenant de la silice, de l'oxyde de fer, etc.) et du minerai cru, pour obtenir une matte contenant du cuivre et du fer à l'état de sulfures ; cette matte est broyée et grillée, puis fondue de nouveau avec de l'oxyde ou du carbonate de cuivre et des scories, pour séparer le fer ; la nouvelle matte ainsi obtenue est grillée et donne du cuivre « rosette ».

Ce procédé est fondé sur la propriété du cuivre d'avoir pour le soufre plus d'affinité que le fer. Quand on fond un mélange d'oxydes et de sulfures de fer et de cuivre, le fer se combine avec l'oxygène et le cuivre avec le soufre, et s'il n'y a pas assez d'oxygène pour se combiner avec tout le fer, il se forme un mélange de sulfures de cuivre et de fer. L'oxyde de fer qui se produit peut être scorifié avec de la silice, et l'on peut recueillir le cuivre, plus ou moins débarrassé du fer, sous forme d'une matte de sulfure fondu.

5. — Il existe deux procédés généraux de fusion du cuivre, la fusion au réverbère et la fusion au four à cuve. La première méthode consiste à griller le sulfure de cuivre produit comme on vient de l'indiquer, pour le convertir partiellement en oxyde, et à utiliser la réaction de cet oxyde sur le sulfure restant pour produire du cuivre métallique. Dans l'autre méthode, le sulfure presque pur — matte blanche ou « pimple metal » (1) — est grillé à fond, et l'oxyde ainsi formé est réduit par le charbon.

6. — Il existe deux méthodes principales d'extraction du cuivre par voie humide. Dans l'une, le sulfure est transformé par grillage en sulfate que l'on dissout par l'eau, et le cuivre est précipité de cette dissolution au moyen du fer. Dans l'autre, le minerai oxydé, contenant un peu de sulfure, est grillé avec du sel marin ; il se forme du chlorure de cuivre que l'on dissout par l'eau ; les résidus sont traités ensuite pour l'acide chlorhydrique, qui constitue un sous-produit de cette opération.

EXTRACTION DU PLOMB DE LA GALÈNE

7. — L'extraction du plomb par le procédé qui sert pour l'essai de la galène, est très simple.

Mais dans l'industrie, pour que l'opération soit plus économique, on emploie un procédé plus long et plus

______

(1) Métal bourgeonné.

compliqué, qui permet même dans certains cas de recueillir les fumées de plomb qui se produisent.

8. — Il ne faut pas oublier que la galène contient de
l'argent, pas toujours en quantité suffisante pour qu'il y
ait profit à la traiter pour ce métal, mais parfois en assez
grande proportion pour qu'au contraire elle n'ait de
valeur que par l'argent qu'elle renferme. L'argent et l'or
passent dans le plomb obtenu au four de fusion, et ce
plomb doit être coupellé, suivant la méthode indiquée au
chapitre précédent (§ 23), ou traité par d'autres méthodes.

La méthode du *pattinsonage*, dont les détails varient
d'un pays à l'autre, est fondée sur ce qu'un alliage de
plomb et d'argent, en refroidissant lentement, donne
d'abord des cristaux de plomb très peu argentifères,
tandis que l'argent se concentre dans le bain liquide.

La méthode de Parkes, qui est très employée aujour-
d'hui, consiste à mélanger au plomb fondu du zinc métallique ; par refroidissement, le zinc monte à la surface et
se solidifie, en entraînant l'or et l'argent contenus dans
le plomb.

TRAITEMENT DES MINERAIS
ARGENTIFÈRES

9. — Nous avons déjà parlé de l'extraction de l'argent
de certains minerais de plomb. Quand le minerai est du
carbonate, on le fond avec de l'oxyde de fer et du calcaire
pour recueillir le plomb avec l'argent.

Certains minerais d'argent sulfurés sont traités comme
les minerais de cuivre, de façon à produire une matte.
Dans le procédé Ziervogel, on grille cette matte pour la
transformer en sulfate, que l'on dissout par l'eau ; dans

le procédé Augustin, on grille la matte avec du sel pour la transformer en chlorure d'argent qu'on lessive avec de la saumure ; l'argent est ensuite précipité par un métal, tel que le cuivre. La méthode Von Patera, qui est très employée, consiste, après grillage chlorurant du minerai avec du sel, à le lessiver avec une solution étendue d'hyposulfite de soude, et à précipiter ensuite l'argent par un sulfure soluble.

Quand on emploie le procédé Ziervogel, les résidus, après la précipitation de l'argent par le cuivre, peuvent être fondus avec de la pyrite aurifère, ce qui produit une matte contenant l'or et l'argent.

Dans le procédé mexicain, le minerai, composé d'argent natif, de sulfure et de chlorure d'argent, est mélangé avec du sel marin et mis en tas pendant quelque temps, puis broyé avec du « magistral » (obtenu par grillage de sulfures de cuivre et de fer) et du mercure.

Sans entrer dans plus de détails, disons seulement que les méthodes que nous venons de mentionner donnent une idée des principes sur lesquels repose l'extraction de l'argent.

10. — Le tableau suivant indique certaines conditions d'application des méthodes d'amalgamation au « pan » ou de lessivage à l'hyposulfite :

Amalgamation au « pan ».	*a.* Application directe.
	b. Après grillage avec du sel.
Lessivage à l'hyposulfite.	*a.* Application directe ou après grillage avec du sel.
	b. Emploi d'un mélange de dissolutions d'hyposulfites de cuivre et de sodium. (Procédé Russell).

EXTRACTION DE L'OR DES MINERAIS DE FILONS OU D'ALLUVIONS.

11. — Quand l'or existe à l'état libre dans des alluvions, on l'extrait par la méthode des canaux ou « sluices », ou par le procédé des bassins, ou par la méthode hydraulique qui consiste à entraîner le minerai par des jets d'eau.

Quand l'or se trouve dans des filons, à l'état libre, on broie généralement le minerai en poudre fine, et on l'amalgame avec du mercure. On lave le mélange sur un plan incliné, pour séparer par entraînement l'amalgame, qu'on peut filtrer à travers une peau de chamois, un linge ou une mousseline pour enlever le mercure en excès ; on distille ensuite cet amalgame pour enlever le mercure et laisser l'or.

Les minerais aurifères sulfurés peuvent être grillés d'abord, puis traités par le mercure. Cette méthode n'est pas toujours économique, surtout quand l'or est recouvert d'un enduit formé d'un composé où entre un autre métal.

12. — On se fera une idée de quelques-unes des méthodes d'extraction de l'or par le tableau suivant :

Pyrites et minerais réfractaires.

a. Chloruration.
b. Cyanuration.
c. Amalgamation après grillage.
d. Concentration de l'or dans du plomb métallique, dans du cuivre métallique, dans une matte complexe, ou dans du sulfure de fer.

13. — Dans la méthode de chloruration (1), on produit du chlore gazeux, qui s'unit à l'or pour lequel il a beaucoup d'affinité, et forme du chlorure d'or que l'on dissout par l'eau ; on précipite ensuite l'or de cette dissolution par du sulfate de fer ou par un autre réactif. Nous n'avons pas à décrire en détail ce procédé ; disons seulement que son but est de faire passer l'or à l'état de chlorure le plus économiquement possible, en employant soit un mélange de pyrolusite et de sel avec de l'acide libre, soit du sel marin ou de l'eau salée et de la chaux.

14. — Le procédé de cyanuration, qui est très employé au Transvaal pour extraire l'or des « tailings » (2), consiste à dissoudre l'or par une solution de cyanure de potassium, et à le précipiter ensuite soit en faisant passer le composé cyanuré ainsi produit sur du zinc métallique, soit en le traitant par un autre réactif.

15. — Il faut bien se pénétrer de l'idée que tout procédé chimique nouveau, avant d'être appliqué, doit être essayé au point de vue des résultats qu'il peut fournir. Certains procédés peuvent ne pas convenir aux minerais dans lesquels l'or n'est pas à un état assez divisé, ou qui contiennent, en même temps que l'or, un autre métal, comme le cuivre, ou un composé métallique, qui peuvent gêner les réactions ; dans ce cas, le réactif peut attaquer certaines portions du minerai plutôt que l'or, à moins qu'on ne remédie à cet inconvénient. Il faut toujours faire des analyses complètes de plusieurs échantillons de minerai, et expérimenter avec soin la méthode

(1) Ce procédé est très employé au Transvaal pour le traitement des minerais sulfurés concentrés.

(2) Résidus de traitement des minerais.

que l'on veut employer, pour se rendre compte de ses avantages et de ses défauts, avant de rien décider pour le traitement industriel du minerai.

16. — Il peut arriver que l'on ait à appliquer plusieurs procédés pour le traitement d'un minerai ; par exemple, comme cela est fréquent au Transvaal, le minerai quartzeux broyé peut d'abord être soumis à l'amalgamation, les sulfures concentrés traités ensuite par chloruration, enfin les « tailings » soumis à la cyanuration. C'est spécialement le cas des minerais contenant des proportions notables de sulfures d'antimoine, de zinc, etc. Ces minerais, tout en donnant de beaux résultats aux essais pour l'or et l'argent, sont très souvent impossibles à traiter avec profit, surtout dans les régions éloignées, où tout est cher, transport, fondant, main-d'œuvre, etc.

CONCENTRATION DES MINERAIS

17. — Dans ce qui précède, nous n'avons pas parlé de la concentration des minerais, qui constitue souvent un des principaux éléments de la prospérité d'une mine.

La concentration peut servir, par exemple, à séparer les parties lourdes d'un minerai, après broyage plus ou moins complet ; elle est applicable, non seulement aux minerais qui n'ont subi encore aucun traitement, mais encore aux « tailings ». Elle se fait à l'aide d'un ou plusieurs appareils, qui classent le minerai d'après la grosseur ou le poids des grains qui le composent.

18. — Dans le « tube à secousses », le « dolly » ou le « kieve », les grains les plus lourds tombent au fond, absolument comme dans le « pan » du laveur d'or.

19. — Si l'on agite dans de l'eau des récipients renfermant du minerai bien broyé ou du sable contenant diverses sortes de minéraux, or, minerais de fer, pyrite de cuivre, etc., avec des matières terreuses ou du quartz, le minerai se sépare en couche, de composition différente, les parties légères se déposant au-dessus des parties lourdes. Le « jigger » est fondé sur ce principe ; c'est un tamis, contenant le minerai broyé ou concassé, que l'on soumet à des secousses verticales au milieu de l'eau, ou que l'on fait traverser par un courant d'eau ascendant ; les parties lourdes du minerai qui ne passent pas à travers les mailles du tamis se classent d'après le principe indiqué ci-dessus. Une série de « jiggers », disposés en escalier, et mis en mouvement par un arbre tournant à cames excentriques, permettent de classer le minerai non seulement d'après les dimensions des grains qui le constituent, mais aussi d'après le poids de ces grains.

20. — Un autre procédé consiste à faire couler de l'eau sur le minerai le long d'un plan incliné ; c'est ainsi qu'on emploie les tables d'amalgamation, ou les « sluices » ou canaux (Broad Tom on Long Tom), naturels ou artificiels. Les parties légères du minerai sont entraînées tandis que les parties lourdes se déposent d'abord. Le même principe s'applique au « buddle », qui sert au traitement des boues ou des minerais en poudre très fine ; le « buddle » consiste essentiellement en une surface conique à parois légèrement inclinées, sur lequel arrive le minerai par un tuyau disposé verticalement au dessus de la pointe du cône ; les matières lourdes se déposent près du sommet.

21. — Il est inutile de décrire toutes les nombreuses variétés d'appareils de concentration qui ont été et qui

sont actuellement employés. Mentionnons pourtant l'appareil Hendy, qui est bien connu; c'est un bassin oscillant peu profond, dont le profil suit une courbe déterminée du bord au centre de l'appareil; les parties lourdes du minerai tombent sur le fond du bassin, tandis que les parties légères s'écoulent par une ouverture placée au centre.

Le « Frue vanner » se compose d'une toile sans fin que l'on fait tourner et à laquelle on imprime des secousses ; le minerai arrive à la partie supérieure de cette toile. Les « tables à secousses » sont des tables inclinées, sur lesquelles le minerai arrive à la partie supérieure ; sous l'effet d'un courant d'eau et des secousses imprimées à ces tables, les parties lourdes se déposent rapidement, et les parties légères sont entraînées plus loin.

Pour classer les minerais concassés d'après les dimensions des morceaux, on emploie beaucoup les tamis, les trommels (tamis tournants en forme de cylindre ou de cônes, simples ou à plusieurs étages).

Enfin, il existe des appareils qui classent les minerais d'après la vitesse des grains dans l'eau ; d'autres appareils utilisent la pression atmosphérique, la pesanteur ou la force centrifuge.

CHAPITRE XI

Calcul des aires. — Trouver la distance entre deux points
dont l'un est inaccessible — Problèmes relatifs aux puits,
aux galeries, aux filons. — Choix de l'emplacement d'un
puits par rapport à un filon.

- 1. — Pour les opérations ordinaires d'arpentage, on se
sert pour mesurer les longueurs d'une chaîne d'arpen-
teur ou décamètre-chaîne, qui se compose de cinquante
chaînons de fer de vingt centimètres de longueur. En
Angleterre, on emploie beaucoup la chaîne Gunter de
66 pieds de longueur, formée de 100 links (1) portant
chacun une marque distinctive. Quand on a déterminé le
nombre de links carrés que contient une surface, il suffit
de diviser ce nombre par 100.000 pour avoir la mesure
de la surface en acres.

(1) Voir à l'Appendice : mesures anglaises.

Soit à calculer par exemple l'aire de la surface rectangulaire représentée (fig. 61), ayant pour côtés 12 décamètres et 3 mètres, et 1 décamètre et 4 mètres. L'aire est égale à 123 × 14 = 1722 mq. ou 17 ares 22 centiares.

2. — Pour trouver l'aire d'une portion de terrain triangulaire, on multiplie la longueur d'un côté par la lon-

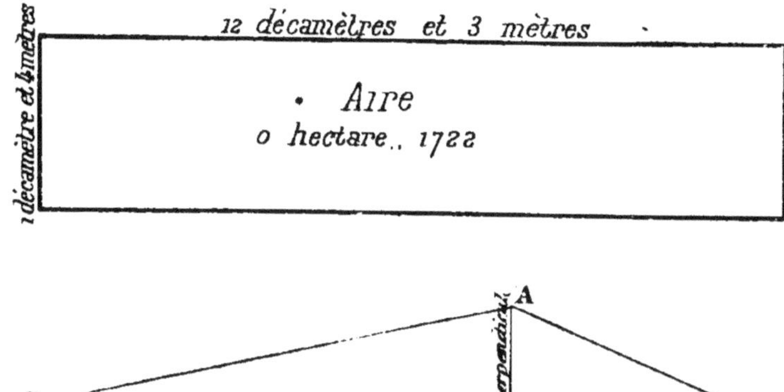

Fig. 61 et 62.

gueur de la perpendiculaire abaissée sur ce côté du sommet opposé, et on divise le produit par 2.

Ainsi, l'aire du triangle A B C (fig. 62) est $\dfrac{B\,C \times A\,D.}{2}$

3. — Pour calculer l'aire d'une portion de terrain présentant la forme de la figure 63, on mesure la longueur B D, et on calcule les aires des triangles A B D et C B D, comme au paragraphe précédent.

4. — Si la surface est un polygone quelconque (fig. 64), on obtient l'aire en faisant la somme des aires des triangles C B A, C A E, C E D.

5. — Pour déterminer la distance entre deux points,

A et B (fig. 65) dont l'un est inaccessible (par exemple,
situé sur l'autre rive d'un fleuve), on opère de la façon
suivante :

On mène du point B, perpendiculairement à la direc-

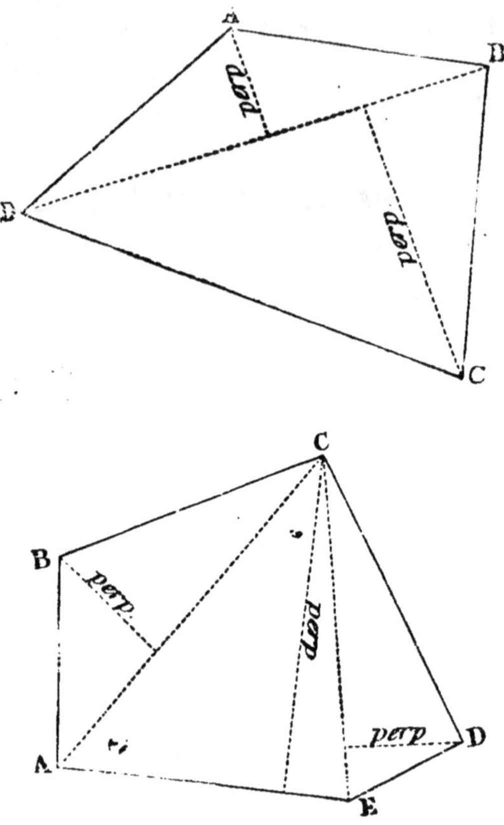

Fig. 63 et 64.

tion B A, une droite B C sur laquelle on prend une longueur B E, et une longueur E C égale à une fraction de
B E (par exemple $\frac{1}{5}$ ou $\frac{1}{10}$). Au point C, on mène une
perpendiculaire à B C, et on marque sur cette perpendi-

culaire le point D qui se trouve en ligne droite avec
E et A. On a :

$$A\ B = \frac{C\ D \times E\ B}{E\ C}$$

6. — Le prospecteur voudrait souvent avoir une idée
de la longueur de la galerie horizontale C B (fig. 66) qu'il
faudrait percer pour atteindre un puits vertical A B
creusé en un certain endroit, ou inversement de la profondeur du puits vertical qui rencontrerait une galerie

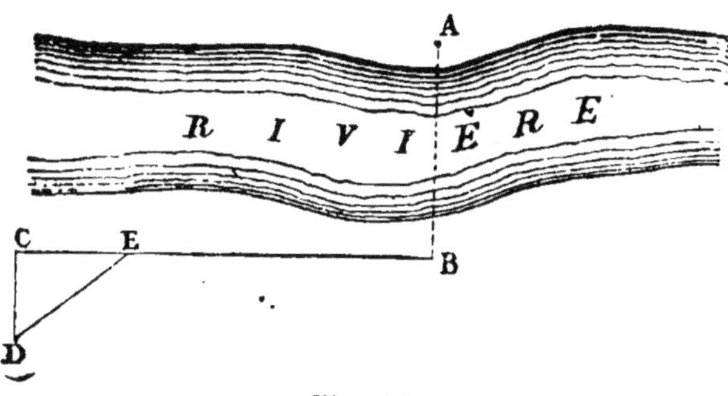

Fig. 65.

horizontale. Pour résoudre ce problème, ainsi que d'autres questions analogues, il suffit d'avoir quelques notions élémentaires sur les propriétés des triangles rec-
tangles, et de consulter une table de sinus (Voir à
l'Appendice). Si A B C est un triangle rectangle, on a :

$$A\ B = A\ C \times \sin c.$$
$$B\ C = A\ C \times \sin a.$$

A et C étant deux points situés sur le flanc d'une montagne, A B un puits, C B une galerie, on mesure la longueur A C (soit 100 mètres), et l'angle c qui est l'inclinaison de la montagne (soit 39° 30'). On a :

A B = 100 m. × sin 39° 30'

B C = 100 m. × sin (90° — 39° 30') = 100 m. × sin 50° 30'

On trouve, en consultant la table des sinus :

$$Sin\ 39°\ 30' = 0,6361.$$
$$Sin\ 50°\ 30' = 0,7716.$$

On a donc :

$$A\ B = 100\ m. × 0,6361 = 63\ m.\ 61.$$
$$B\ C = 100\ m. × 0,7716 = 77\ m.\ 16.$$

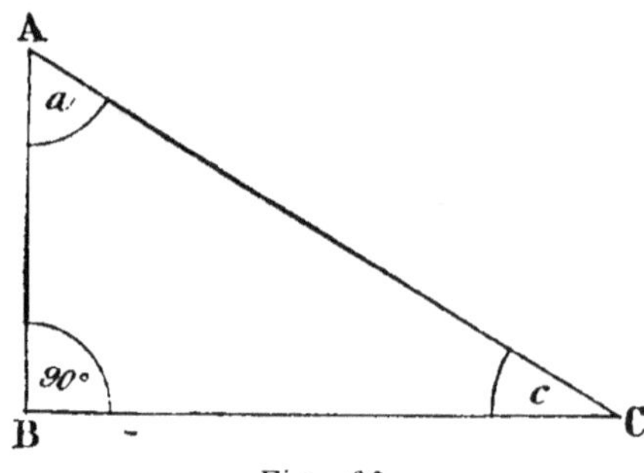

Fig. 66.

Si l'inclinaison de la montagne varie entre A et C, comme sur la figure 67, on mesure successivement les longueurs A C, C E, E C. La profondeur du puits A O est la somme des longueurs A B, C D, E F, mesurées comme précédemment, et la longueur de la galerie C O est la somme des longueurs B C, D E, F G.

Si l'on connaît deux côtés d'un triangle rectangle A B C (fig. 68), on peut calculer le troisième côté sans se servir de la table des sinus. On a en effet :

$$A\ C = \text{racine carrée de } \overline{A\ B}^2 + \overline{B\ C}^2.$$

$$A B = \text{racine carrée de } \overline{AC}^2 - \overline{BC}^2.$$

$$B C = \quad - \quad - \quad \overline{AC}^2 - \overline{AB}^2.$$

Si par exemple A C = 100 mètres et A B = 80 mètres,

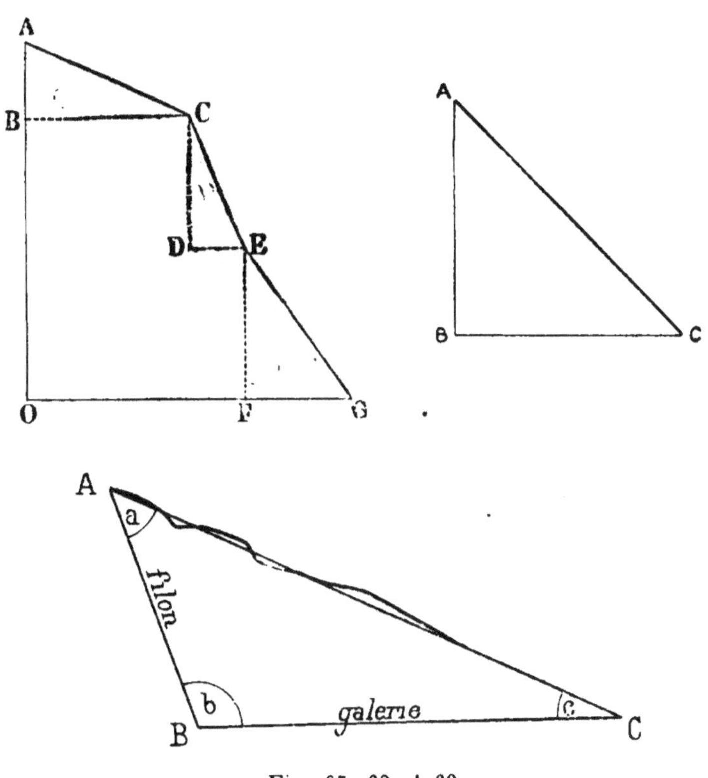

Fig. 67, 68 et 69.

on a B C : racine carrée de 100 × 100 — 80 × 80 = 60^m.

7. — Supposons que l'on veuille déterminer la longueur du puits ou de la galerie qu'il faudrait percer pour rencontrer un filon faisant un angle connu avec le flanc d'une montagne. Il suffit pour cela d'appliquer les propriétés

des triangles quelconques, et de consulter la table des sinus. Soit A B C (fig. 69) un triangle dans lequel A C est le flanc de la montagne, A B le filon, et C B une galerie.

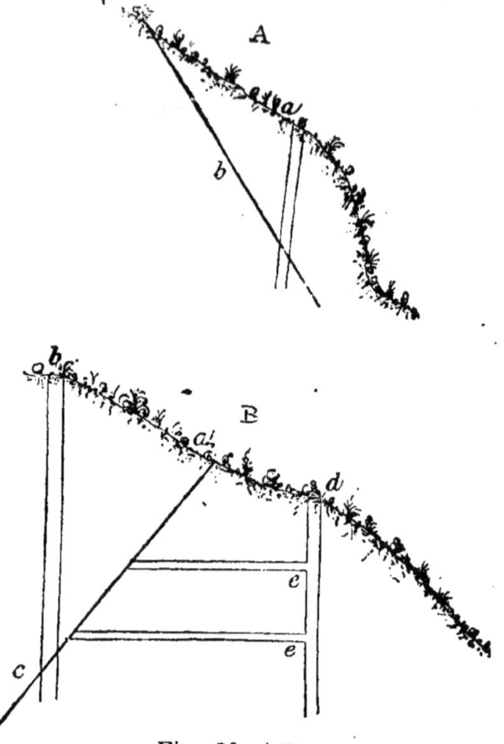

Fig. 70 et 71 _

Supposons connus la longueur A C et les angles a et c (par suite l'angle b qui est égal à 180° — a — c).

On a :

$$A B = \frac{A C \times \sin a}{\sin b}$$

$$A B = \frac{A C \times \sin c}{\sin b}$$

8. — En quel endroit faut-il placer un puits d'extraction? C'est la première question que l'on a à résoudre

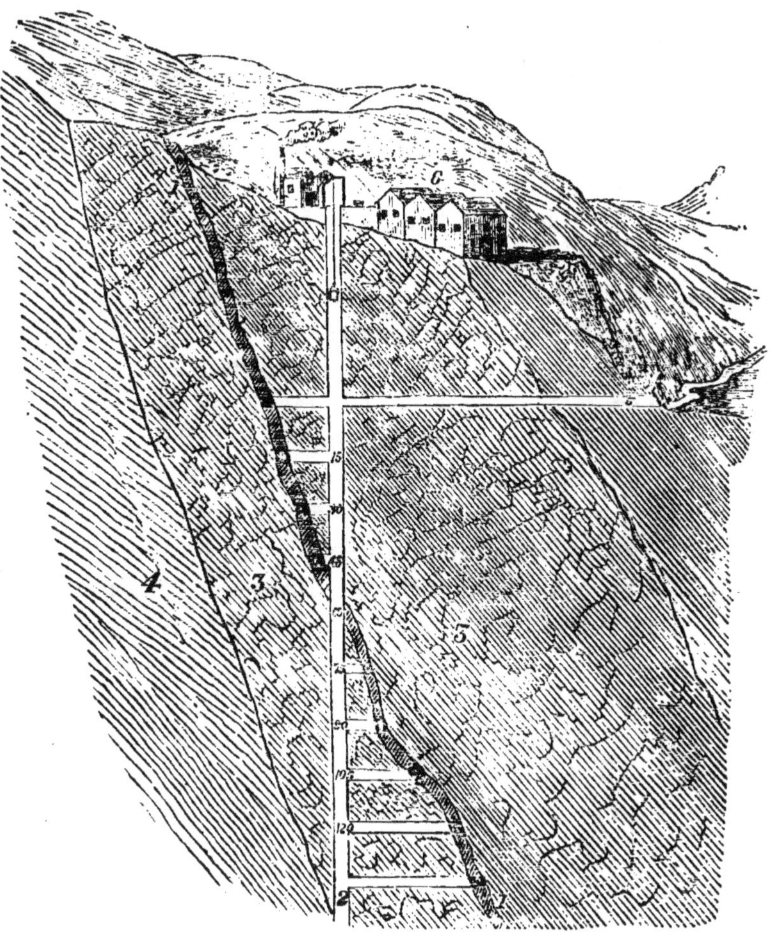

Fig. 72.

quand on entreprend l'exploitation d'une mine. La solution à adopter dépend dans une certaine mesure de la

nature du terrain, et aussi de plusieurs autres considérations, mais d'une façon générale on peut suivre les
règles suivantes :

Si le filon plonge dans la même direction que le flanc
de la montagne, il faut creuser le puits comme l'indique
la figure 70, A.

Si le filon a une inclinaison inverse de celle de la montagne, on creusera le puits soit au-dessus du filon, en
amont de l'affleurement, soit au contraire en aval, de
façon à pouvoir mener des galeries d'accès (fig. 70, B).

Dans certains cas, lorsque le filon a une très faible
inclinaison, il vaut mieux creuser le puits le long du
filon lui-même, plutôt que le percer verticalement.

9. — Les galeries d'accès, qui facilitent l'exploitation
d'une mine, servent aussi à l'épuisement ; elles doivent
donc être percées au niveau le plus bas que le permet la
configuration de la vallée, et suivant une pente très
douce, juste suffisante pour l'écoulement de l'eau.

10. — En ce qui concerne la dimension des puits et
des galeries, les premiers ont 2 mètres à 2 mètres 50 sur
1 mètre 50 à 2 mètres, les chambres des machines ayant
ordinairement 4 à 5 mètres sur 2 mètres ; les galeries ont
en général 2 mètres à 2 mètres 50 de hauteur et 1 mètre 50
à 2 mètres de largeur.

11. — Il faut remarquer que l'extraction du minerai se
fait plus facilement par un puits vertical que par un
puits incliné.

APPENDICE

Estimation de la quantité de minerai contenue dans un filon, et de la valeur d'une concession. — Poids et mesures. — Tableau donnant le poids de métal, en onces, contenu dans une tonne anglaise de minerai, d'après le poids du bouton métallique obtenu à la coupellation. — Poids spécifique des métaux, des minerais métalliques et des roches. — Points de fusion de quelques métaux. — Table des sinus des angles de 0° à 90°.

ESTIMATION DE LA QUANTITÉ DE MINERAI CONTENUE DANS UN FILON, ET DE LA VALEUR D'UNE CONCESSION

On détermine approximativement le poids de minerai contenu dans une portion de filon, en supposant que les parois du filon sont des surfaces rectangulaires parallèles.

Longueur $\times$ largeur $\times$ profondeur en mètres $\times$ poids spécifique du minerai $=$ poids du minerai en tonnes.

Si l'on se sert des mesures anglaises :

Longueur $\times$ épaisseur $\times$ profondeur en poids $\times$ poids spécifique du minerai $\times$ 1000 onces $=$ poids du minerai en onces.

Exemple : Trouver le poids de quartz contenu dans une portion de filon ayant 10 centimètres de largeur, 20 mètres de longueur et 10 mètres de profondeur.

Ce poids est égal à 0,10 $\times$ 20 $\times$ 10 $\times$ 2,5 $=$ 50 tonnes.

Pour trouver la quantité de minerai contenu dans une concession, et déterminer la valeur de cette concession,

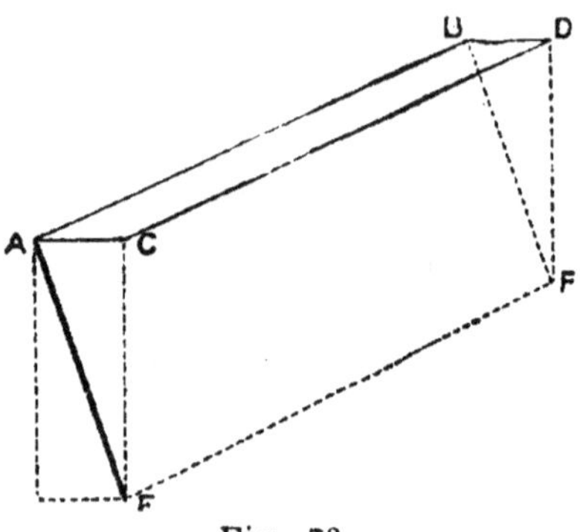

Fig. 73.

on opère de la façon suivante : Soit A B C D la surface horizontale de la concession, et A B la ligne d'affleurement du filon.

C A E $=$ inclinaison du filon, E et F étant les points de rencontre du filon et des perpendiculaires menées par C et D. Le volume du filon est représenté par A B $\times$ A E $\times$ épaisseur du filon.

A E est connu, c'est $\dfrac{A C}{(\sin 90° - CAE)}$

La valeur de la concession se détermine ainsi :

Poids du minerai en tonnes $\times$ teneur moyenne en kilogrammes de métal par tonne de minerai $\times$ prix du kilogramme de métal = valeur totale de la concession.

Le calcul précédent suppose que la surface du terrain est horizontale. Si l'affleurement se trouve sur le flanc d'une montagne, on détermine la surface du filon comprise entre le plan horizontal passant par E F et le plan horizontal passant par le point le plus bas de la concession, et on y ajoute la surface triangulaire comprise entre ce dernier plan et la surface du sol ; c'est la somme de ces deux surfaces que l'on doit multiplier par l'épaisseur du filon.

POIDS ET MESURES

ANGLETERRE

Mesures de longueur.

3	barleycorns	=	1 inch (pouce).
12	inches	=	1 foot (pied).
3	feet	=	1 yard (36 inches).
5,5	yards	=	1 rod, pole, ou perch (16,5 feet).
4	poles ou 100 links	=	1 chain (22 yards ou 66 feet).
10	chains	=	1 furlong (220 yards).
8	furlongs	=	1 mile (1760 yards).
1	span = 9 inches ; 1 fathom = 6 feet ; 1 league = 3 miles.		

Mesures de surface.

144	square inches	=	1 square foot (pied carré) (pouces carrés).
9	square feet	=	1 square yard.
30,25	square yards	=	1 square pole.
16	square poles	=	1 square chain (484 sq. yards).
40	square poles	=	1 square rood (1210 sq. yards).
10	square chains	=	1 acre (4840 sq. yards).
640	acres	=	1 square mile.

Mesures de capacite.

1728 cubic inches (pouces cubes) = 1 cubic foot (pied cube).
   27 cubic feet   = 1 cubic yard.

Mesures de poids.

Mesures « Troy » (employées pour l'or, l'argent, le platine
et les pierres précieuses, sauf le diamant qui est évalué en
carats ; 150 carats = 480 grains = 31 gr. 0 80) :

24 grains   = 1 pennyweight.
20 pennyweights   = 1 ounce (480 grains).
12 ounces   = 1 pound (5760 grains).

Mesures « avoirdupois » :

16 drams   = 1 ounce (437,5 grains).
16 ounces   = 1 pound (7000 grains).
14 pounds   = 1 stone.
 2 stones   = 1 quarter.
 4 quarters   = 1 hundredweight 112 lbs (112 livres).
20 hundredweights = 1 ton (2240 lbs).
   Un pied cubique d'eau pèse environ 1000 onces.
   Un gallon d'eau pèse 10 livres.

ESPAGNE

Le système métrique est employé en Espagne ; mais dans
certains pays de langue espagnole, on se sert des mesures
suivantes :

Mesures de longueur.

		mètres.
12 puntos	= 1 linea	= 0.00195
12 lineas	= 1 pulgada	= 0.0234
6 pulgadas	= 1 sesma	= 0.411

2 sesmas	= 1 pie	= 0.282
3 pies	= 1 vara	= 0.847
4 varas	= 1 estadal	= 3.39
1 legua	= 8000 varas	= 6780^m.

Mesures de poids.

grammes.

12 granos	= 1 tomin	=	0.5958
3 tomines	= 1 adarme	=	1.78
2 adarmes	= 1 ochava ou dracma	=	3.6
8 ochavas	= 1 onza	=	28.86
8 onzas	= 1 marco	=	229.949
2 marcos	= 1 libra	=	459.899

CONVERSION DES MESURES FRANÇAISES
ET DES MESURES ANGLAISES

Mesures de longueur.

1 millimètre =	0,03937 pouce.
1 centimètre =	0,3937 »
1 centimètre =	3,937 »
1 mètre =	3,2809 pieds.
1 décamètre =	10,9363 yards.
1 hectomètre =	109,3633 »
1 kilomètre =	0,6138 mille anglais.

Mesures de surface.

1 centiare (1 mq.) =	1,1960 yard carré.
1 are =	119,6033 »
1 hectare =	2,4736 acres.

Mesures de capacité.

1 décistère =	3,5317 pieds cubes.
1 stère =	35,3166 »
1 décastère =	353,8165 »

Mesures de poids.

1 milligramme   =   0,0154 grain.
1 centigramme   =   0,1544   »
1 décigramme   =   1,544   »
1 gramme   =   15,44   »
1 décagramme   =   154,4   »
1 hectogramme   =   3,2167 onces « troy » = 3,5291 onces « avoirdupois ».
1 kilogramme   =   2,2057 livres anglaises.

TABLEAU DONNANT LE POIDS DE MÉTAL, EN ONCES, CONTENU DANS UNE TONNE ANGLAISE DE MINERAI, D'APRÈS LE POIDS DU BOUTON MÉTALLIQUE OBTENU A LA COUPELLATION.

POIDS DE MÉTAL FIN FOURNI PAR 100 GRAINS DE MINERAI. Grains.	TENEUR D'UNE TONNE ANGLAISE DE MINERAI		
	Onces.	Penniweights.	Grains.
0,001		6	12
0,01	3	5	8
0,1	32	13	8
1	326	13	8

POIDS SPÉCIFIQUE DES MÉTAUX, DES MINERAIS MÉTALLIQUES ET DES ROCHES

Métaux.

Platine........   16 — 21
Or ....   15 — 19,5
Mercure.......   13,5

Plomb......... 11,35 — 11,5
Argent......... 10,1 — 11,1
Cuivre .... 8,5 — 8,9
Fer............ 7,3 — 7,78

*Minerais fréquemment associés à l'or et à l'argent
dans les filons.*

Galène......... 7,2 — 7,7
Pyrite de fer ... 4,8 — 5,2
Pyrite de cuivre. 4,0 — 4,3
Blende......... 3,7 — 4,2

Minerais métalliques.

Antimoine. — Stibine	4,5	— 4,7
Argent. — Argyrose	7,2	— 7,4
— Parargyrite	5,7	— 5,9
— Proustite	5,5	— 5,6
— Staphanite	5,2	— 6,3
— Cérargyrite	5,5	— 5,6
Bismuth. — Bismuthine	6,4	— 6,6
— Oxyde		— 4,4
Cobalt. — Smaltine	6,5	— 7,2
— Érythrine	2,91	— 2,95
— Oxyde terreux	3,15	— 3,29
Cuivre. -- Oxydulé	5,7	— 6,15
— Gris	5,5	— 5,8
— Noir	5,2	— 6,3
— Chalcopyrite	4,1	— 4,3
Étain. — Cassitérite	6,4	— 7,6
— Stannine	4,3	— 4,5
Fer. — Hématite	4,5	— 5,3
— Magnétite	4,9	— 5,9
— Limonite	3,6	— 4,0
— Sidérose	3,7	— 3,9

—	Pyrite..........................	4,8	— 5,3
Manganèse. —	Pyrolusite...................	4,7	— 5,0
—	Wad........................	2,0	— 4,6
Mercure. —	Cinabre	8,0	— 8,99
Nickel. —	Nickeline.......................	7,3	-- 7,5
—	Nouméaïte (N^elle Calédonie)...		— 2,27
Plomb. —	Galène	7,2	— 7,7
—	Cérusite	6,4	— 6,6
Zinc. —	Smithsonite......................	4,0	-- 4,5
—	Blende	3,7	— 4,2

Gangues des filons.

Quartz.............	2,5	— 2,8
Fluorine...........	3,0	— 3,3
Calcite............	2,5	— 2,8
Barytine....	4,3	— 4,8

Roches.

Granite, gneiss......	2,4	— 2,7
Micaschiste.........	2,6	— 2,9
Syénite............	2,7	— 3,0
Basalte.............	2,6	— 3,1
Porphyre...........	2,3	— 2,7
Talcoschiste........	2,6	— 2,8
Schiste argileux.....	2,5	— 2,8
Chloritoschiste......	2,7	— 2,8
Serpentine.........	2,5	— 2,7
Calcaire, Dolomie...	2,5	— 2,9
Grès...............	1,9	— 2,7

TABLE DES SINUS DES ANGLES DE 0 A 90 DEGRÉS

DEGRÉS	0'	10'	20'	30'	40'	50'
0	0,0000	0,0029	0,0058	0,0087	0,0116	0,0145
1	0175	0204	0233	0262	0291	0320
2	0349	0378	0407	0436	0465	0494
3	0523	0552	0581	0610	0640	0669
4	0698	0727	0756	0785	0814	0843
5	0872	0901	0929	0958	0987	1016
6	1045	1074	1104	1132	1161	1190
7	1219	1248	1276	1305	1334	1363
8	1329	1421	1449	1478	1507	1536
9	1564	1593	1622	1650	1679	1708
10	1736	1765	1794	1822	1851	1880
11	1908	1937	1965	1994	2022	2051
12	2079	2108	2136	2164	2193	2221
13	2250	2278	2306	2334	2363	2391
14	2419	2447	2476	2504	2532	2560
15	2588	2515	2644	2562	2700	2728
16	2756	2784	2812	2840	2868	2896
17	2924	2952	2979	3607	3035	3062
18	3090	3118	3145	3173	3201	3228
19	3256	3283	3111	3338	3365	3393
20	3420	3448	3475	3502	3529	3557
21	3584	3011	3638	3665	3692	3719
22	3746	3773	3800	3627	3854	3881
23	3907	3934	3961	3987	4014	4041
24	4067	4094	4120	4147	4173	4200
25	4226	4253	4279	4305	4331	4358
26	4384	4410	4436	4462	4488	4514
27	4540	4567	4592	4617	4643	4669
28	4695	4620	4746	4772	4797	4823
29	4848	4874	4899	4924	4950	4975
30	5000	5025	5050	5075	5100	5125
31	5150	5175	5200	5225	5250	5275
32	5299	5324	5348	5373	5398	5422
33	2446	5471	5495	5519	5544	5568
34	5592	5616	5640	5664	5688	5712
35	5736	5760	5783	5807	5831	5854
36	3878	5901	5925	5948	5972	5995
36	7018	6041	6065	6088	6111	6134
38	6157	6180	2202	6225	6248	6271
39	6293	6316	6338	6361	6383	6405
40	6428	6450	6472	6494	6517	6539
41	6561	6583	6604	6626	6648	6670
42	6691	6713	6734	6756	6777	6799

DEGRÉS	0'	10' ,	20'	30'	4.'	50'
43	0,6820	0.6841	0,6862	0,6884	0,6905	0,6926
44	6947	2967	6988	7009	7030	7050
45	7071	7092	7112	7133	7153	7173
46	7193	7214	7234	7254	7274	7294
47	7314	7333	7353	7373	7392	7412
48	7431	7451	7470	7490	7509	7528
49	7547	7566	7585	7604	7623	7642
50	7660	7679	7798	7716	7735	7753
51	7771	7790	7808	7826	7844	7862
52	7880	7898	7916	7934	7951	7969
53	7986	8004	8021	8039	8056	8073
54	8090	8107	8124	8141	8158	8175
55	8192	8208	8225	8241	8258	8274
56	8290	8307	8323	8339	8355	8371
57	8387	8403	8418	8434	8450	8465
58	8480	8496	8511	8526	8542	8667
59	8572	8587	8601	8616	8631	8646
60	8660	8675	8689	8704	8718	8732
61	8746	8760	8774	8788	8802	8816
62	8829	8843	8857	8870	8884	8897
63	8910	8923	8936	8949	8962	8975
64	8988	9001	9013	9026	9038	9051
65	9063	9075	9088	9100	9112	9124
66	9135	9147	9159	9171	9182	9194
67	9205	9216	9228	9239	9250	9261
68	9272	9283	9293	9304	9315	9325
69	9336	9346	9356	9367	9377	9387
70	9397	9407	9417	9426	9436	9446
71	9455	9465	9474	9483	9492	9502
72	9511	9520	9528	9537	9546	9555
73	9563	9572	8580	9588	9596	9605
74	9613	9621	9628	9636	9644	9652
75	9659	9667	9674	9681	9689	9696
76	9703	9710	9717	9724	9730	9737
77	9744	9750	9757	9763	9769	9775
78	9781	9787	9793	9799	9805	9811
79	9816	9822	9827	9833	9838	9843
80	9848	9853	9858	9863	9868	9872
81	9877	9881	9886	9890	9894	9899
82	9903	9907	9911	9814	9918	9822
83	9925	9929	9932	9936	9939	9342
84	9945	9948	9951	9954	9957	9959
85	9962	9964	9967	9969	9971	9974
86	9976	9978	9980	9981	9983	9985
87	9986	9988	9986	9990	9992	9993
88	9994	9995	9996	9997	9997	9998
89	9998	9999	9999	9999	1,0000	1,0000

TABLE DES MATIÈRES

CHAPITRE PREMIER

LA PROSPECTION

CHAPITRE II

LES ROCHES

CHAPITRE VI

MINÉRAUX ET MINERAIS UTILES. — (*Suite*).

CHAPITRE VII

COMPOSITION DES ROCHES

CHAPITRE VIII

ESSAIS PAR VOIE HUMIDE

CHAPITRE IX

ESSAIS DES MINERAIS

TABLE PAR ORDRE ALPHABÉTIQUE

ÉMILE COLIN, IMPRIMERIE DE LAGNY (S.-ET-M.)

PARIS

Librairie Bernard TIGNOL

53 BIS, QUAI DES GRANDS-AUGUSTINS

ELECTRICITE